sino g

eat wall

中华人民共和国成立 70 周年建筑装饰行业献礼

神州长城装饰精品

中国建筑装饰协会　组织编写

神州长城国际工程有限公司　编著

中国建筑工业出版社

sino great wall

"一带一路"民营企业龙头

我国对外工程承包工程百强

全球最大 250 强国际承包商

本书编委会

foreword

序一

中国建筑装饰协会名誉会长
马挺贵

伴随着改革开放的步伐，中国建筑装饰行业这一具有政治、经济、文化意义的传统行业焕发了青春，得到了蓬勃发展。建筑装饰行业已成为年产值数万亿元、吸纳劳动力 1600 多万人，并持续实现较高增长速度、在社会经济发展中发挥基础性作用的支柱型行业，成为名副其实的"资源永续、业态常青"的行业。

中国建筑装饰行业的发展，不仅有着坚实的社会思想、经济实力及技术发展的基础，更有行业从业者队伍的奋勇拼搏、敢于创新、精益求精的社会责任担当。建筑装饰行业的发展，不仅彰显了我国经济发展的辉煌，也是中华人民共和国成立 70 周年，尤其是改革开放 40 多年发展的一笔宝贵的财富，值得认真总结、大力弘扬，以便更好地激励行业不断迈向新的高度，为建设富强、美丽的中国再立新功。

本套丛书是由中国建筑装饰协会和中国建筑工业出版社合作，共同组织编撰的一套展现中华人民共和国成立 70 周年来，中国建筑装饰行业取得辉煌成就的专业科技类书籍。本套丛书系统总结了行业内优秀企业的工程施工技艺，这在行业中是第一次，也是行业内一件非常有意义的大事，是行业深入贯彻落实习近平新时代中国特色社会主义理论和创新发展战略，提高服务意识和能力的具体行动。

本套丛书集中展现了中华人民共和国成立 70 周年，尤其是改革开放 40 多年来，中国建筑装饰行业领军大企业的发展历程，具体展现了优秀企业在管理理念升华、技术创新发展与完善方面取得的具体成果。本套丛书的出版是对优秀企业和企业家的褒奖，也是对行业技术创新与发展的有力推动，对建设中国特色社会主义现代化强国有着重要的现实意义。

感谢中国建筑装饰协会秘书处和中国建筑工业出版社以及参编企业相关同志的辛勤劳动，并祝中国建筑装饰行业健康、可持续发展。

中国建筑装饰协会会长
刘晓一

为了庆祝中华人民共和国成立 70 周年，中国建筑装饰协会和中国建筑工业出版社合作，于 2017 年 4 月决定出版一套以行业内优秀企业为主体的、展现我国建筑装饰成果的丛书，并作为协会的一项重要工作任务，派出了专人负责筹划、组织，以推动此项工作顺利进行。在出版社的强力支持下，经过参编企业和协会秘书处一年多的共同努力，该套丛书目前已经开始陆续出版发行了。

建筑装饰行业是一个与国民经济各部门紧密联系、与人民福祉密切相关、高度展现国家发展成就的基础行业，在国民经济与社会发展中发挥着极为重要的作用。中华人民共和国成立 70 周年，尤其是改革开放 40 多年来，我国建筑装饰行业在全体从业者的共同努力下，紧跟国家发展步伐，全面顺应国家发展战略，取得了辉煌成就。本丛书就是一套反映建筑装饰企业发展在管理、科技方面取得具体成果的书籍，不仅是对以往成果的总结，更有推动行业今后发展的战略意义。

党的十八大之后，我国经济发展进入新常态。在创新、协调、绿色、开放、共享的新发展理念指导下，我国经济已经进入供给侧结构性改革的新发展阶段。中国特色社会主义建设进入新时期后，为建筑装饰行业发展提供了新的机遇和空间，企业也面临着新的挑战，必须进行新探索。其中动能转换、模式创新、互联网＋、国际产能合作等建筑装饰企业发展的新思路、新举措，将成为推动企业发展的新动力。

党的十九大提出"人民日益增长的美好生活需要和不平衡不充分的发展之间的矛盾"是当前我国社会主要矛盾，这对建筑装饰行业与企业发展提出新的要求。人民对环境质量要求的不断提升，互联网、物联网等网络信息技术的普及应用，建筑技术、建筑形态、建筑材料的发展，推动工程项目管理转型升级、提质增效、培育和弘扬工匠精神等，都是当前建筑装饰企业极为关心的重大课题。

本套丛书以业内优秀企业建设的具体工程项目为载体，直接或间接地展现对行业、企业、项目管理、技术创新发展等方面的思考心得、行动方案和经验收获，对在决胜全面建成小康社会，实现"两个一百年"奋斗目标中实现建筑装饰行业的健康、可持续发展，具有重要的学习与借鉴意义。

愿行业广大从业者能从本套丛书中汲取营养和能量，使本套丛书成为推动建筑装饰行业发展的助推器和润滑剂。

sino great wall

走近
神州长城

1984 年的北京，一个注定不平凡的公司悄然诞生，信念和热情支持一众热血青年，延续至今终有大成。神州长城国际工程有限公司（简称神州长城）是深交所主板上市公司神州长城股份有限公司（成立于 1984 年，股票代码：000018）旗下全资子公司。专注于国际及中国高端市场的大型工程承包，并从事医疗投资、新能源投资、房地产开发等多领域业务，特别是在建造工程领域具有较强实力，拥有住房城乡建设部颁发的多项一级施工及设计资质，还拥有商务部颁发的"对外承包工程经营资格"证书。是建造工程领域实施方案提供商，具有大型工程 PM、EPC、BT、BOT、PPP 等领先的综合承包能力。

2012 年，神州长城荣获 2011 年度中国建筑装饰行业百强企业前十名。

神州长城在高端酒店及精装住宅的装饰工程业务中具有突出的竞争优势，已累计完成超过百家五星级酒店的施工与设计。完成及在建的国际品牌五星级酒店项目有杭州四季酒店、天津瑞吉酒店、上海璞丽酒店、北京康莱德酒店、大连喜达屋豪华精选酒店、杭州尊蓝钱江豪华精选酒店、浙江舟山威斯汀酒店、珠海喜来登大酒店、漯河喜来登大酒店、珠海万豪酒店、嘉兴希尔顿酒店、乌鲁木齐希尔顿酒店、青岛涵碧楼酒店、三亚美丽之冠酒店等。

2013 年，荣获北京市 2013—2014 年度"纳税信用 A 级企业"荣誉称号。

作为民企领航者的神州长城不甘居后，依然牢牢占据着一片江山。无论是资产总量还是质量效益都走在全国装饰行业前列，始终保持着旺盛的发展势头，技压群芳。

多年来，神州长城还一直注重硬件、软件的全面建设，培养和积聚了大批国际一流人才，拥有高水平的领导团队和管理队伍。目前拥有一级、二级建造师和各类职称工程师及各类员工 2000 多人，其中外籍员工超过 500 人。

以爱心回馈社会，做有温度的企业。2014 年，神州长城董事长陈略先生出资设立"川西中学'神州长城'奖学基金"，这是一种企业家回馈社会、反哺人民的形式。陈略说："在未来的发展道路上，我将一如既往地主动承担社会责任，继续以感恩之心回报社会，坚持慈善公益事业，积极投身国家重大战略，通过产业扶贫开发、教育扶贫、社会帮扶等一系列举措，继续加大慈善力度，同时号召更多的企业和企业家加入到这项行动中来，共建和谐社会。"

该做的事要雷厉风行，在做的事要精益求精，未做的事要胸有成竹，已做的事要开拓进取。神州长城最早于 2009 年开始发展海外市场，在人才、技术、市场等方面打下了良好的基础，在柬埔寨、马来西亚、缅甸、斯里兰卡、马尔代夫、印度尼西亚、老挝、越南、菲律宾、卡塔尔、阿曼、科威特、阿尔及利亚、埃塞俄比亚、俄罗斯、德国等国家均有在施项目，其中多个工程项目为所在国地标性建筑。海外业务集中于"一带一路"沿线国家和地区，是中国"一带一路"民营龙头企业。所承接项目大多为项目所在国（或区域）地标项目，项目类型涉及港口、炼油厂、酒店、体育场、医院、高端住宅、大型商业综合体等。

到目前为止，神州长城完成及在建的国际代表工程有科威特财政部等八部委办公大楼、科威特国防部军事学院、阿尔及利亚嘉玛大清真寺、阿尔及利亚 120 医院、阿尔及利亚体育场、斯里兰卡阿洪拉加大酒店、柬埔寨国民议会大楼及 NAGA2、柬埔寨豪利·世界桥综合体、柬埔寨安达大都会综合体、卡塔尔新港工程项目、缅甸 M-Tower 办公大楼等"高、大、难、精"项目。

经过几位行业先锋的艰苦创业、开拓进取，神州长城逐步壮大，各项产业全面展开，公司得到长足发展。

2016 年，神州长城开始逐步拓展健康医疗投资、新能源开发、房地产开发及 PPP 工程、基础设施建设工程等业务领域。

作为一家专注于服务建筑工程领域近 40 年的企业，未来的发展战略主要关注是"工程施工"和"医疗健康产业"两个方向。下一步将集中精力开拓北美、南美、欧洲及澳大利亚等高端市场。在医疗投资领域，除了以 PPP 模式投资建设医院外，也利用各方资源投资建设新医院，引入国外先进的医疗技术及领先的医疗服务，布局医药电子商务等。

2017 年末，神州长城连续中标多个 PPP 医院项目，累计中标额约 100 亿元，国内外签订订单额累计超过 500 亿元。

基于过去的战略发展构想陆续实现，神州长城今后将更加注重人才队伍建设，为企业持续发展积累和培养各类所需人才；业务发展方面继续扩大和强化"一带一路"国家和地区项目的开展和实施，巩固公司在医院 PPP 领域的民营企业龙头地位。

2018 年上半年，公司继续秉承"诚信、敬业、完美、荣誉"的价值观念，密切关注"一带一路"、PPP 业务、建筑医疗行业政策和相关动态，顺应经济发展形势，积极拓展海外"一带一路"的工程承包及投资业务，加大医疗和基础设施 PPP 项目投资及建设力度，取得良好效果。

对于未来，在国内市场，神州长城将继续推动并做好已签约的医院 PPP 项目及其他基础设施类项目，筹划布局雄安新区建筑工程业务，优化企业管理结构及各管理平台，做中国领先的建筑领域建投一体化企业。

在国外市场，神州长城将扩大在"一带一路"国家和地区的业务及影响力；联合国家央企及其他国际伙伴，加大在"一带一路"国家和地区承接重要、重大基础设施项目的力度；培养国际优秀人才及管理团队；推动公司在全球 250 强国际承包商排名中不断攀升；成为全球领先的国际性综合建造服务提供商。

contents

目录

神州长城 装饰精品

南阳建业森林半岛假日酒店

工程规模

49800m², 造价 12000 万元

建设单位

南阳建业酒店有限公司

开竣工时间

2011 年 9 月—2012 年 12 月

社会评价及使用效果

酒店位于河南省西部大别山地区、豫鄂陕三省交界地带,是楚汉文化的发源地,人文历史资源丰富。酒店由客房、宴会厅、各式餐厅、多功能厅、健康中心等组成,是配套齐全、设施完备的国际五星级酒店,是当地最高级别的酒店之一、地标性建筑。酒店使用效果良好,得到社会各界的广泛好评

酒店外景

酒店夜景

设计特点

该酒店设计风格为中西合璧，酒店由大堂、宴会厅、各式餐厅、多功能厅、健康中心和客房组成。设计选材比较独特，地面石材主要是意大利木纹石和法国流金石材，色彩艳丽，条纹肌理清晰。木质饰面主要选用胡桃木及橡木，色深沉厚，有厚重感。在空间艺术手法上采用简洁、人性化设计，大气、舒适，具有中国文化的艺术底蕴，整体设计体现了高贵、典雅、舒适、自由的风格。

空间介绍

大堂

一层大堂是让人产生第一印象的功能空间，具有重要的作用。大堂华丽、舒适、宁静、安逸，造型统一中富于变化。大堂设计充分利用空间，令使用功能完善合理，对服务台、宴会厅、楼梯等重要接待空间进行合理规划和定位，既有良好的接待功能，又能展示酒店的核心文化。大堂作为酒店前厅各主要机构（如礼宾、行李、接待、问讯、前台收银、商务中心等）的工作场所，同时又充当过厅和中庭，用于餐饮和会议等。这些功能为大

游泳池

酒店大堂全景

大堂吧全景

堂空间的充分利用及氛围的营造，提供了良好的客观条件。大堂吧的功能与大堂有机结合，空间层次丰富且富有变化，顶棚绿色装饰与地面手工地毯相呼应，构成视觉中心。

墙面为胡桃木墙面饰面板、胡桃木格栅、意大利木纹石材、琉璃绿色艺术玻璃、6mm 银镜等。地面为意大利木纹石材及法国流金石材。顶棚为双层石膏板跌级吊顶。照明系统为水晶吊灯、LED 射灯及暗光带等。

技术难点、重点及创新分析

大堂高跨区琉璃绿色艺术玻璃与对面的凹凸麻面石材在灯光的作用下呈绿色，在整个大堂的空间中形成鲜明的对比。在琉璃爱好者的眼里，琉璃是有生命的，琉璃绿色艺术玻璃在原料煅烧过程中自然形成明显的气泡，象征着琉璃在呼吸，使琉璃更具艺术表现力，在灯光的照射下能发出耀眼的光彩，鲜明地衬托了凹凸麻面石材及墙面木格栅的层次变化。

琉璃绿色玻璃安装工艺流程

主要施工流程：测量放线→核对深化图纸尺寸→墙面与图纸同步编号→基层骨架安装→厂家核对琉璃玻璃尺寸→下单加工→成品检验→琉璃玻璃包装→运输→现场安装→成品保护。

木格栅背景琉璃绿色玻璃施工工艺

在出厂前要严格检查木格栅的加工尺寸是否准确、饰面效果是否达到设计要求，检验合格后方可包装出厂。

木格栅在安装时严格按确定的安装位置、尺寸进行，安装过程中随时检查预留的琉璃绿色玻璃安装位置是否准确，预留安装琉璃绿色玻璃的空间需大于 5mm，保证琉璃绿色玻璃能安装到位并不影响接缝处美观。

在安装琉璃绿色玻璃时注意轻拿轻放，杜绝和任何物体相互刮碰从而使琉璃绿色玻璃损坏。琉璃绿色玻璃的临时摆放位置要铺垫好防护垫，清洁施工现场和安装作业面，避免施工灰尘。

安装琉璃绿色玻璃采用透明 AB 胶固定，打胶时要严格避免对琉璃绿色玻璃造成污染。

安装人员必须佩戴白线手套并及时更换污染的手套。

已经安装完成的琉璃绿色玻璃避免震动造成移位、开裂。

琉璃绿色玻璃安装完成后用透明塑料薄膜进行防护，避免灰尘污染。

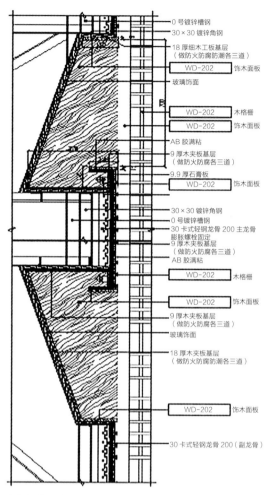

木格栅背景琉璃绿色艺术玻璃节点

0 号镀锌槽钢
30×30 镀锌角钢
18 厚细木工板基层（做防火防腐防潮各三道）
WD-202 饰木面板
玻璃饰面
WD-202 木格栅
WD-202 饰木面板
AB 胶满粘
9 厚木夹板基层（做防火防腐各三道）
9.9 厚石膏板
WD-202 饰木面板
30×30 镀锌角钢
0 号镀锌槽钢
30 卡式轻钢龙骨 200 主龙骨膨胀螺栓固定
9 厚木夹板基层（做防火防腐各三道）
AB 胶满粘
WD-202 木格栅
WD-202 饰木面板
9 厚木夹板基层（做防火防腐各三道）
玻璃饰面
18 厚木夹板基层（做防火防腐防潮各三道）
WD-202 饰木面板
30 卡式轻钢龙骨 200（副龙骨）

宴会厅

宴会厅位于酒店二层，临近酒店大堂，出入方便，汽车通道可直达宴会前厅门前，极大地方便社会各界团体使用。宴会厅内设移动隔断，既可整间使用又可分割成 3 个独立空间，可满足多种会议、宴会的需求，可同时容纳 600 人就餐。

宴会厅全景

宴会厅是酒店的重要活动场所，设计以硬包为主，风格高雅，可以满足高档宴会、新闻发布、产品展示、中小型文艺演出、舞会、公司聚餐、大型集会、演讲、报告会等活动的使用要求，整体空间效果大气。采用彩色玻璃加香槟金拉丝不锈钢边框对整个大厅进行点缀。使用暖色调烘托宴会厅的热烈气氛，彰显方正、简洁的空间气质，以大型现代水晶吊灯为主要照明艺术光源，再配以射灯和暗光带等，形成配套性很强的灯饰组合，既能满足多种活动、会议的照明要求，又有优美的光线，显色性好，又不眩光，与宴会厅整体设计风格相呼应，凸显了宴会厅富丽堂皇的空间氛围。

宴会前厅的设计风格与宴会厅相互呼应，设计风格明快、简洁，一气呵成。墙面为橡木饰面，采用白木纹石材、软包壁布、红色热熔艺术玻璃、缎面亚光金色不锈钢、青铜镜；地面采用意大利木纹石材、法国流金石材、高级织花艺术地毯；顶面为双层石膏板跌级吊顶，采用水晶艺术吊灯、LED 射灯及暗光带等。

宴会厅前厅

技术难点、重点及创新点分析

此空间使用的装饰材料中，彩色艺术玻璃的处理难度最大。玻璃本身易碎，且是宽
7.1m、高8m的超大玻璃，这些都给制造加工、包装运输、现场安装带来极大的困难。
具体解决方案如下。

事先针对彩色艺术玻璃在厂家安全加工及成品率问题进行研究，确定厂家按成品玻
璃尺寸制作玻璃保护模板，以有效地防止玻璃在彩绘深加工时出现破损。

玻璃包装箱采用20mm的松木厚板制作，箱体四周增加40mm×40mm松木方加强，
保证箱体的自身坚固。每个包装箱只装两片艺术玻璃，同时将艺术玻璃四周及玻璃
与玻璃之间用软泡沫隔离、保护。

在松木包装箱外面再增加金属方管保护箱体，采用60mm×40mm的金属方钢焊接
成型，金属箱体的空格均分600mm左右，增加木箱的坚固性，防止在搬运箱体和

运输途中箱体变形造成玻璃损坏。

清理玻璃进场通道，保证玻璃在进场途中无障碍物阻挡。

在玻璃没有安装完成前，派专人 24 小时看护，避免人为刮碰造成玻璃损坏。

艺术玻璃安装工艺

为达到设计效果，首先将艺术玻璃与不锈钢在地面组装拼装成型，同时在安装好的墙面钢架上定位开孔。

在组装好的玻璃不锈钢背面采用挂式插销及螺母固定的方式完成与基层的固定安装。

采用新型低温 LED 射灯，可拆掉周边的小块不锈钢板进行检修，这样既能完美体现灯光效果又易于检修。

具体施工技术过程

彩色艺术玻璃按照设计要求进行排版分块，由厂家加工并在现场与成型的不锈钢框黏接。

用墨斗、卷尺及电子激光水准仪在墙面放线，将主龙骨位置在墙体定位放线后制作基层钢骨架。

主龙骨采用 8 号槽钢，间距 800mm，与结构墙体通过预埋锚板焊接固定，预埋板规格 100mm×100mm×5mm，间距 1200mm，通过膨胀螺栓固定在墙体上，焊缝均匀饱满并刷防锈漆。

副龙骨采用 40mm×20mm 镀锌方钢，使用金属角码与主龙骨焊接固定，焊缝满焊，并刷防锈漆。

现场将艺术玻璃配置的边框与基层钢骨架采用挂式插销及螺母固定的方式完成玻璃安装（挂件为厂家生产的成品）。

最后进行整体不锈钢收口条饰面安装。

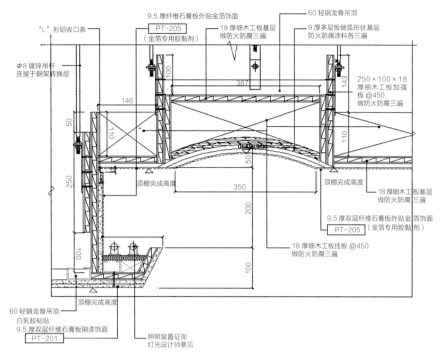

金箔吊顶节点图

金箔吊顶施工工艺

首先制作基层，按照设计图纸要求，对顶棚造型进行放线定位。采用 18mm 厚细木工板，背面涂刷防火、防腐、防潮涂料三遍。对造型顶棚基层骨架预制，安装吊件对预制的造型骨架进行吊装、矫正，再与平顶顶棚龙骨进行安装连接。

顶棚灯槽内侧板下口与副龙骨做平，内侧板背面再用挂件固定，以增加灯槽的受力支撑。灯口与内口副龙骨内嵌木龙骨连接，木龙骨进行防火涂料涂刷处理。整体顶棚骨架验收及隐蔽验收合格后，封石膏板顶棚板。

在干燥、平滑、牢固的基层上进行金箔底漆封底，以达到防潮效果；在底层涂料涂刷封闭干燥后进行底漆喷涂（两遍），待干燥后用砂纸磨平；封一遍照面清漆，防止金银箔受潮返底；清漆完全干燥后开始涂刷金银箔专用胶水，胶水要涂刷均匀，收边交界处要做好防护处理；待胶水干后开始贴金箔。

金箔整体贴面完成后，开始进行肌理造型处理，完成饰面效果；在处理后的金箔界面上，喷涂一遍保护面层，然后进行必要的面层处理，达到光滑、平整的效果。

全日制餐厅

全日制餐厅位于酒店二层，右侧紧邻酒店大堂，左侧紧邻大床房，可同时容纳 200 人就餐，环境优雅、舒适，是一个全方位的餐厅。全玻璃幕墙，可以将河岸及湖景尽收眼底。餐厅空间布局方正规整，顶棚造型落落大方，丰富了空间层次感。采用现代化的设计，空间材料用石材及木饰面搭配，增添空间厚重感，沙发组合丰富，地面选用手工地毯，色彩富于变化，空间效果自然轻松，具有艺术气息。

墙面为胡桃木饰面，采用白木纹石材、6mm 银镜；地面采用白木纹石材、手工地毯、实木地板；双层石膏板吊顶，采用环保透光板、水晶艺术吊灯、LED 射灯等。

全日制餐厅

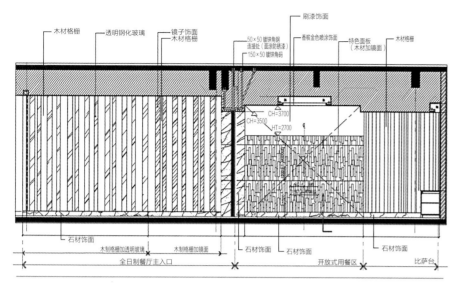

全日制餐厅立面图

特色面板（木制格栅附镜面板）节点图

技术难点及创新点分析

①必须保证基层的尺寸准确，确保面层安装。②控制好基层平整度，确保面层安装。如墙面平整度误差在 10mm 以内，可采取抹灰修整的办法；如误差大于 10mm，可在墙面与龙骨之间加垫木块。③防止基层变形、开裂，保证面层质量。④钉木针时，其顶部应拉线找平，木压条规格尺寸要一致。⑤玻璃和木饰面加工尺寸准确，保证现场拼装顺利。⑥保证木饰面的油漆喷刷光泽、颜色一致，保证观感效果。

特色复合式木饰面安装工艺

造型木格栅按照深化设计图纸的规格及图形在专业加工厂制作成单元式成品，单元式成品木格栅基层材料选用高密度板面贴胡桃木皮，在单元成品基层加工时制作安装工艺槽，工艺槽内也要面贴胡桃木皮，试拼合格后进行喷漆，出厂前要进行严格的产品检验，确认各项工艺合格后编号、打包、出厂，然后在现场进行拼装。基层建筑墙面采用墨斗、卷尺及电子激光水准仪标注主龙骨位置，墙面按位置线打眼，间距 600mm，插入一端有拉爆胀栓的丝杆并拧紧螺母，丝杆的另一端固定卡式主龙骨并用螺母锁紧，然后将 50 副龙骨使用卡件安装在主龙骨上，间距 300mm，最后将阻燃夹板通过木螺栓固定在轻钢龙骨上。

把玻璃镜面按照图纸尺寸和位置贴于阻燃夹板上，待玻璃镜面安装稳固后，再在玻璃上提前预留的固定木质格栅孔洞预埋连接点涂上结构胶，然后进行木质格栅的安装。格栅与玻璃之间有 3mm 间距，采用美容胶填充收口。完成后确保接缝严密，平整度及垂直度在可允许范围内。墙面木饰面制作及安装严格按照设计要求执行。

施工过程中的质量控制

墙面潮湿，应待干燥后施工，或作防潮处理。一是可以先在墙面做防潮层；二是可以在护墙板上、下留通气孔；三是可以通过墙内木砖出挑，使面板、木龙骨与墙体保持一定距离，避免潮气对面板的影响。

两个墙面的阴阳角处，必须加钉木龙骨。复核全部尺寸，并且检查其平整度或立面垂直度。要对工人进行技术交底和环保交底，特别是放水平线一定要准确。放置第一块木饰面很重要，要严格控制其水平度和垂直度，精度越高越好，后面参照此块饰面板进行安装。木饰面固定用的钉一定要使用蚊钉，表层处理时，用调色腻子填平即可。检查木饰面拼缝处是否水平或垂直、木饰面拼缝处是否平整。工艺缝保持连通，若遇石材缝等也要控制好前期放线、排版。若是到顶的木饰面，要采用竖向挂条，便于安装和控制。根据木饰面高度确定挂条间隔，其间距不得超过 500mm。安装挂条时必须刷防火、防腐涂料三遍，反面带胶配合枪钉固定。

确定开关面板位置，开孔时用美纹纸贴好，以免损伤油漆表面。（注意：在装饰中，严禁使用双面胶、包装胶带等贴于装饰表面，以免损坏其表面油漆、纹理或造成污染）

在木饰面反面对应木基层位置安装反向挂条（挂条与基层挂条应成 45°角两相对应），同样所处的木饰面位置涂刷白胶，挂条固定时射钉的长度要控制好，确保离饰面表层 6mm 以上，否则会造成饰面凸起。

在木饰面安装过程中，若木饰面加工长度大于现场安装高度，应根据所定的水平线裁切上下边，两面切口要光滑、整齐，同时刷防火、防腐涂料三遍，上下口要用油漆封闭。

豪华套房

豪华套房位于酒店三层以上，采光极好，全景落地窗视野宽广。标准现代设计风格，背景墙采用特色软包及墙纸装饰，清新脱俗，气质高雅，墙、地面采用特色图案点缀，展现现代简约的文化元素。整体布局规整，体现了空间的功能性。墙面与顶棚简洁的造型使整个空间具有很强的现代气息。

豪华套房起居室

豪华套房卧室

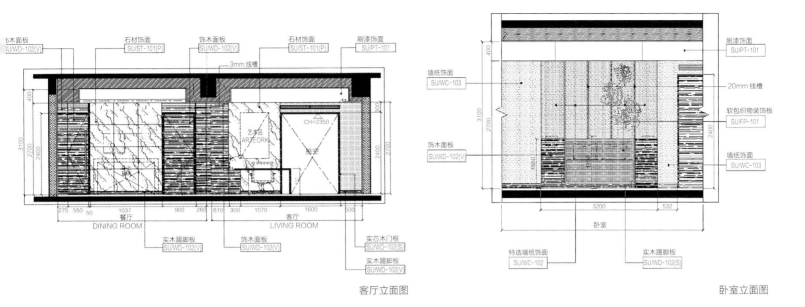

客厅立面图

卧室立面图

墙面为特制墙纸、橡木饰面、软包织物饰面、瓷砖饰 面、意大利木纹石材；地面为特制地毯、石材、瓷砖饰面。顶棚为双层石膏板吊顶、水晶吊灯、LED 射灯及暗光带等。

技术难点、重点及创新点

豪华套房施工安装工艺，按照设计图纸要求，橡木饰面在专业木制品厂家加工为成品板块后，经检验、包装运至现场安装，墙面软包织物饰面在现场制作并采用挂条式安装方式。室内地毯为外购定制成品，现场铺设后安装实木踢脚线，卫生间钢化玻璃隔断在专业玻璃加工厂加工为成品后进行现场安装。客房装修主、辅材料全部采用绿色、环保材料，其有害物含量均为合格。

施工过程中，管道、地漏等穿越楼板时，其孔洞周边的防水层必须认真施工。墙体内埋水管，做到合理布局，铺设水管的凹槽一律大于管位，槽内抹灰圆滑，然后在凹槽内刷聚氨酯防水涂料。

卫生间地面防水施工工艺

基面处理→冷底油涂刷→卷材铺贴→墙内防水→墙内水管凹槽防水→清理现场

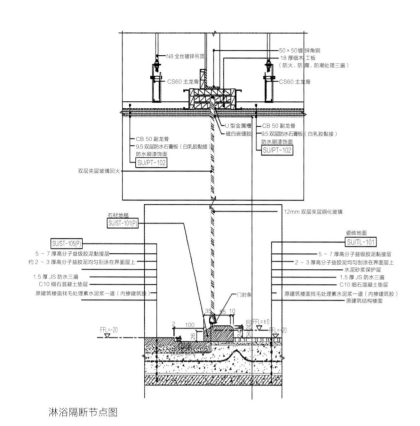

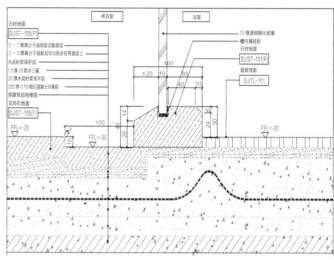

淋浴隔断节点图

卫生间地面做法节点图

基 面 处 理　做好基层。通常情况下地面是水泥砂浆面，也有一些特殊情况，例如管道没有掩埋、地面凹凸不平，所以卫生间防水要求基层应平整，表面应抹平压光、坚实，不得有空鼓、起砂、开裂等现象，基层含水率应符合防水材料的施工要求，不大于 8%。找平层的泛水坡度应在 2%，凡是靠墙的管根处均要抹出 5%（1：20）坡度，避免积水。突出地面和墙面的管根、地漏以及排水口、阴阳角等易发生渗漏的部位，应做局部特殊堵漏处理。

冷底子油施工　先将验收合格的基层进行清理，并在基层上涂喷处理剂，要求均匀涂喷处理剂，待基层处理干燥后，再进行防水卷材的铺设施工。

防水卷材的铺设　施工前应将验收合格的基层清理干净，并将棱角处的尘土吹净。涂刷基层处理剂要均匀一致。基层处理剂干燥后，应按设计要求对防水工程需做附加层的部位进行处理。确定卷材铺贴顺序和铺贴方向，并在基层弹线，然后铺贴卷材。

用火焰喷枪或喷灯烘烤卷材的底面和基层的夹角，喷灯距交界处 300mm 左右，使卷材表面的沥青层液化，边烘烤边向前滚卷材，随后用压辊滚压，使其与基层或与卷材黏结牢固。注意烘烤温度和时间，以使沥青层呈融溶状态。

卷材搭接方法

长 边 搭 接	卷材纵向搭接宽度、单层防水不小于 80mm，必须仔细操作，先熔去待搭接部位卷材上的防粘层和粒料保护层，同时应熔化接缝两面的黏结胶，然后进行黏合排气，用手持辊压实，并应有明显沥青条。
短 边 搭 接	卷材两端必须全部黏结，搭接宽度、单层宽度应不小于 100mm，并在基层卷材定位弹线、试铺，按卷材规格、铺设要求、基面排水坡度、细部尺寸，确定卷材的铺设方案。
同一层相邻两幅卷材铺贴	横向搭接边应错开 1500mm 以上，且上、下两层卷材禁止相互垂直粘贴。卷材铺贴完毕后，必须对搭接部位、端部及卷材收头部位进行密封处理，采用聚氨酯 851 防水涂料抹平，使其形成明显的沥青条。
墙 面 防 水	在卫生间洗浴时，水会溅到邻近的墙上，如没有防水层的保护，隔壁墙对顶角墙易潮湿发生霉变。所以卫生间一定要在铺墙面瓷砖之前做好墙面防水，一般防水处理中，墙面作 30cm 高的防水处理，但是非承重的轻体墙，就要对整面墙做防水，至少也要做到 1.8m 高。与淋浴位置邻近的墙面防水也要做到 1.8m 高，若使用浴缸，与浴缸相邻的墙面防水涂料的高度也要高于浴缸的上沿。
墙 内 水 管凹 槽 防 水	施工过程中，管道、地漏等穿越楼板时，孔洞周边的防水层必须认真施工。墙体内埋水管，做到合理布局，铺设水管一律做大于管径的凹槽，槽内抹灰圆滑，然后凹槽内刷聚氨酯防水涂料。
技 巧	厨房、卫生间的地面必须坡向地漏口，适当加大坡度，厨房、卫生间内管道装修时应尽量避免改动原先的排水和污水管道及地漏位置，避免因重新排管凿楼板损坏防水层引起渗漏。 淋浴房挡水条按设计图纸要求于现场弹线，结构楼面预植 ϕ6mm 圆钢，间距不大于 300mm。在顶端处焊接 ϕ6mm 圆钢连接，制模浇捣翻边，翻边处地面应预先凿毛，采用细石混凝土（瓜子石）浇捣，挡水翻边与墙体交接处的植筋应伸入墙体 20mm，与地面统一做防水处理，后刷水泥浆结合层。 采用专用胶黏剂铺贴地面石材，铺贴完成后进行石材晶面处理。靠墙安装的玻璃门五金合页，需预理 3mm 厚镀锌铁件与结构墙体固定。挡水条靠淋浴房侧需做止口及倒坡，挡水条与墙面交接处需用云石胶嵌实。地沟宽度根据地漏规格确定。淋浴房石材采用湿铺工艺进行铺贴。

SPA 按摩休闲空间

SPA 休闲空间位于酒店 B1 层，设有 10 间理疗室，包括 9 间多功能治疗室和可以让两位客人一起放松身心并享受理疗的和谐双人套房。该空间注重生命体本身和环境基本元素间的平衡，旨在为宾客营造一个独一无二的世外桃源，充满了静谧的自然美感。设计风格现代，艺术手法内敛，配饰与环境色彩运用完美、色调一致，凸显温馨、舒适的氛围。空间材质精致，墙面为白玫瑰石材、特质墙纸、橡木饰面、坚木造型条、12mm 厚钢化透明玻璃，地面为白玫瑰石材，双层石膏板吊顶，设水晶吊灯、LED 射灯及暗光带，以及按摩浴缸。

SPA 休闲空间图

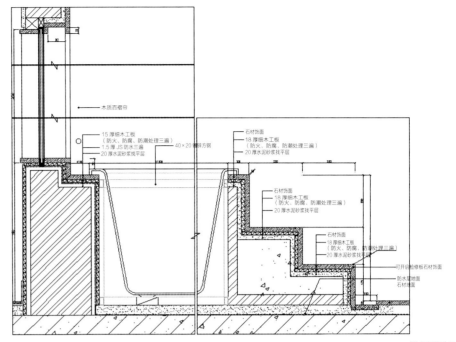

木质百褶帘

15 厚细木工板
（防火、防腐、防潮处理三遍）
1.5 厚 JS 防水三遍
20 厚水泥砂浆找平层

石材饰面
18 厚细木工板
（防火、防腐、防潮处理三遍）
20 厚水泥砂浆找平层

40×20 镀锌方钢

石材饰面
18 厚细木工板
（防火、防腐、防潮处理三遍）
20 厚水泥砂浆找平层

石材饰面
18 厚细木工板
（防火、防腐、防潮处理三遍）
20 厚水泥砂浆找平层

可开启检修板石材饰面
防水层地面
石材地面

浴缸设计图

治疗室

更衣室

实木地板

15 厚多层板

石材地面
5～7 厚高分子益级胶泥黏接层
2～3 厚高分子益胶泥均匀刮涂在界面层上
60～80 厚 C10 细石混凝土垫层
原建筑楼面找毛处理素水泥浆一道（内掺建筑胶）
原建筑结构楼面

膨胀螺栓

30mm×50mm 木龙骨

地面做法节点图

技术要点

水疗区根据设计要求对墙、地面石材进行综合性石材排版，原料在专业石材厂家经过严格挑选，按照石材自身纹理排版加工成型。处理现场墙、地面并做防潮处理，隐蔽工程验收合格后，进行防水保护层施工（向地漏放坡 3‰～5‰），石材按照排版图纸进行铺贴，安装成品豪华浴缸。

中餐厅内景

中餐厅

餐厅包间设计可满足不同客人的需求，同时也便于酒店管理。顶棚造型大方，配有造型装饰艺术吊顶，丰富了空间层次感。墙面特色装饰与地面手工地毯相呼应，以简洁的手法完美演绎现代风格。

墙面为墙纸、暖色调木饰面、木饰面折叠屏蔽、意大利木纹石材，地面为高级地毯、白木纹石材，双层石膏板吊顶，设水晶吊灯、LED 射灯及暗光带。

技术难点、重点及创新点

木饰面屏蔽为纯手工，场外加工成木质花格，采用传统木工榫卯结构，按照深化设计规定的规格、图示，用优质材料制作成单元式成品，在现场进行拼装。木花格周边与博古架及木饰面通天边框连接，以保证上方与吊顶相接，底边与地面相接。安装完成后木质花格平整度与垂直度应符合设计要求。

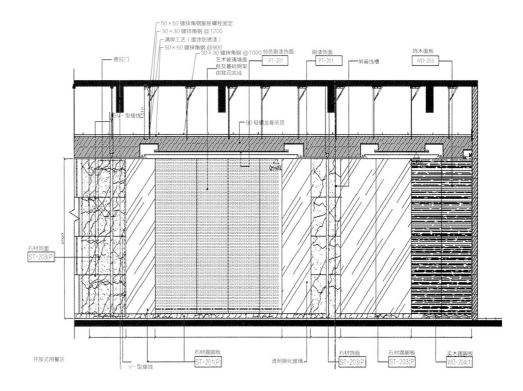

50×50 镀锌角钢膨胀螺栓固定
30×30 镀锌角钢 @1200
满焊工艺（面涂防锈漆）
50×50 镀锌角钢 @900
艺术玻璃墙面
框及基础钢架
由我司完成
30×30 镀锌角钢 @1000 特色刷漆饰面

推拉门

刷漆饰面 PT-201
PT-201
屏蔽线槽
饰木面板 WD-203

5V-型接线

60 轻钢龙骨吊顶

石材饰面 ST-203(P)

开放式用餐区

V-型接线
石材踢脚板 ST-201(P)
透明钢化玻璃
石材饰面 ST-203(P)
石材踢脚板 ST-203(P)
实木踢脚板 WD-204(1)

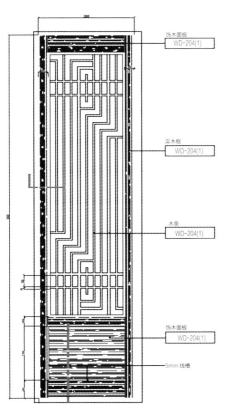

饰木面板 WD-204(1)

实木框 WD-204(1)

木条 WD-204(1)

饰木面板 WD-204(1)

5mm 线槽

木饰面屏蔽立面图

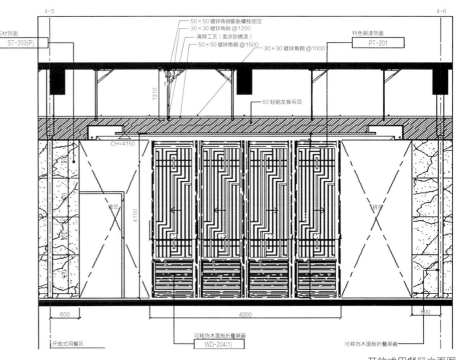

石材饰面 ST-203(P)

50×50 镀锌角钢膨胀螺栓固定
30×30 镀锌角钢 @1200
满焊工艺（面涂防锈漆）
50×50 镀锌角钢 @1500
30×30 镀锌角钢 @1000

特色刷漆饰面 PT-201

60 轻钢龙骨吊顶

CH=4150
4150

开放式用餐区
可移饰木面板折叠屏蔽 WD-204(1)
可移饰木面板折叠屏蔽

开放式用餐区立面图

开封建业
铂尔曼酒店

工程地点
开封市龙亭区龙亭北路 16 号

工程规模
15000m²，造价 4221 万元

建设单位
开封建业大宏西北湖酒店管理有限公司

开竣工时间
2014 年 10 月 20 日—2015 年 6 月 30 日

设计特点

开封建业铂尔曼酒店位于河南省开封市龙亭北路 16 号，地处河南省中东部。开封是国务院公布的首批国家历史文化名城，文化底蕴深厚。开封古称东京、汴京、汴梁，为八朝古都。北宋时期的开封，历经 9 帝 168 年，是开封历史上最为辉煌耀眼的时期，经济繁荣，富甲天下，风景旖旎，城郭气势恢宏。清正廉明的包拯、满门忠烈的杨家将、图强变法的王安石、民族英雄岳飞等都曾在开封留下光辉的足迹。历史遗迹、名胜众多，景色宜人。

开封建业铂尔曼酒店将文化传承与现代时尚完美融于一身，其建筑结构设计灵感来自古老而永恒的中国古文化概念，开封著名戏曲之乡、木版年画艺术之乡、盘鼓艺术之乡的美誉，以及灿烂悠久的名人文化、宋词文化、饮食文化、黄河文化、府衙文化，给铂尔曼酒店增加了非凡的活力。

酒店由客房、宴会厅、全日餐厅、多功能厅、健康中心、游泳池等组成，是配套设施齐全、完备的国际五星级酒店。

远眺酒店

酒店大堂

空间介绍

客房前厅

设计：酒店将文化传承、现代时尚完美融入中式风格设计中，既彰显了这座城市迷人的历史、文化、艺术，又体现了铂尔曼酒店的活力。古老而永恒的中国古文化概念与现代艺术气息的结合，营造出酒店中无处不在的温馨气氛。

前厅一隅

前厅地面石材效果

材料：墙面采用木饰面、青石喷砂水洗石材、马来漆饰面等，地面采用灰色花岗石、魔幻石材、缅甸青石材，顶棚为木饰面，设 LED 射灯、暗光带等。

地面石材铺贴工艺

施工流程：基层清理→弹线→试拼→试排→铺砂浆→铺石材→成品保护→晶面处理

施工顺序：

首先将铺贴石材区域的地面基层清扫干净并洒水湿润，扫素水泥浆一遍。然后按照石材排版图在房间的主要部位采用墨斗、卷尺及电子激光水准仪，弹出互相垂直的控制十字线及完成面线，依据十字线及完成面线，根据石材排版图弹出石材排版线。

对整体地面石材的用量进行核算，在加工场地选定足量的大板材料，按照设计加工图进行排版切割，确保石材色系、纹理一致，经质检验收合格后，依据图纸进行六面涂刷防护处理，按照石材排版图进行编号、包装、装箱。

在正式铺设前，对石材板块应按标号进行试拼，检查石材颜色、纹理、尺寸是否符合要求，然后按标号码放整齐。

地面黏结层处理时，在房内两个相互垂直的方向铺两条干砂，其宽度大于板块，厚度不小于 3cm；根据图纸要求把石材板块排好，以便检查板块之间的缝隙，核对板块与墙面、柱、洞口等的相对位置。然后根据水平线，定出地面找平层厚度，作灰饼定位，拉十字线，铺找平层水泥砂浆，找平层采用 1：3 的干硬性水泥砂浆，干硬程度以手捏成团不松散为宜。

砂浆从里往门口处摊铺，铺好后用刮杠刮平、拍实，然后再用抹子找平，其厚度适当高出根据水平线定的找平层厚度。房间应先里后外进行铺贴，即先从远离门口的一边开始，按照试拼编号依次铺贴，逐步退至门口。

在铺好的干硬性水泥砂浆上先试铺合适后，翻开石板，在水泥砂浆上浇一层水灰比 0.5 的素水泥浆，然后正式镶铺。安放时要轻轻放下石材，用铁抹子插入石材板缝调节缝隙；橡皮锤轻击木垫板，根据水平线用水平尺找平，铺完第一块向两侧和后退方向顺序镶铺，如发现空隙应将石板掀起用砂浆补实再进行安装。

有地热的地面石材铺贴，板缝间距不小于 1.5mm，开缝深度不小于石材厚度。最后由专业厂家进行石材晶面处理。

客房

设计：中式的风格、现代的气息与周边湖泊等丰富的景观融为一体，为这处适合商务和休闲游客入住的休憩之所营造出一派艺术气息。酒店中无处不在的艺术感营造出舒适温馨的气氛。

材料：墙面为木饰面、壁纸，地面为木地板，顶棚为石膏板造型涂料、LED 射灯及灯带等。

轻钢龙骨隔墙施工工艺

施工流程：隔墙龙骨放线→安装沿顶龙骨和沿地龙骨→竖向龙骨分档→安装竖向龙骨→安装门洞口框→安装横撑龙骨卡档→管线安装→安装单面石膏罩面板→填充隔声材料→安装石膏罩面板→施工接缝→面层施工

客房门牌标示

客房

施工顺序：

根据设计施工图，在已完成的地面或混凝土翻边上，放出隔墙位置线、门窗洞口边框线，并放好顶龙骨位置边线。依据墙面造型焊接墙面钢架，用膨胀螺栓把角码固定在梁柱及结构板上，镀锌钢方通与角码焊接牢固，所有焊口位置涂刷防锈漆。

根据已放好的隔墙位置线，安装顶龙骨和地龙骨，用射钉固定于主体上，射钉钉距为 600mm。成品编织物按编号顺序安装，采用胶粘并在隐蔽位置用自攻螺钉固定。

根据隔墙放线门洞口位置，顶地龙骨安装完成后，按罩面板的规格 1200mm，龙骨间距尺寸为 400mm，不足模数的分档应避开门洞框边第一块罩面板位置，使破边罩面板不靠洞框处。

按分档位置安装竖龙骨，竖龙骨上下两端插入沿顶龙骨及沿地龙骨，调整垂直且定位准确后，用卡钳固定。靠墙、柱边龙骨用射钉与墙、柱固定，钉距为 600mm。放线后，将隔墙的门洞口框进行双层竖向龙骨加固。检查龙骨安装质量、门洞口框是否符合设计及构造要求，龙骨间距是否符合石膏板宽度的模数。

石膏板宜竖向铺设（曲面墙所用石膏板宜横向铺设），长边（即包封边）接缝应落在竖龙骨上；安装石膏板时，应从板的中部向板的四边固定，钉帽略埋入板内0.5～1mm，但不得损坏纸面。龙骨两侧的石膏板及龙骨一侧的内外两层石膏板应错缝排列，接缝不得落在同一根龙骨上。

石膏板用自攻螺钉固定。沿石膏板周边螺钉间距不应大于200mm，中间部分螺钉间距不应大300mm，螺钉与板边缘的距离应为10～15mm。石膏板宜使用整板，如需对接时，应紧靠，但不得强压就位。安装防火墙石膏板时，石膏板不得固定在沿顶、沿地龙骨上，应另设横撑龙骨加以固定。隔墙板的下端如用木踢脚板覆盖，罩面板应离地面20～30mm。安装双层纸面石膏板时，第二层板的固定方法与第一层相同，但第二层板的接缝应与第一层错开，不能与第一层的接缝落在同一龙骨上。

墙面壁纸施工工艺

施工流程：基层处理→计算用料、弹线→墙纸粘贴→修整清洁

施工顺序：

基层清理干净，首先在墙体阴阳角部位采用石膏腻子找方。找方完成后，再进行大面积批灰施工，墙面批灰要求三遍，腻子层应坚实、牢固、不粉化、不起皮、不裂缝，使用墙纸专用基膜涂刷两遍。提前计算顶、墙粘贴墙纸的张数及长度，并弹好第一张顶、墙面墙纸铺贴的位置线。

宜在墙上弹垂直线和水平线，以保证墙纸（布）横平竖直、图案正确，粘贴有依据。按已量好的墙体高度放大10～20cm，按其尺寸裁纸，一般应在案子上裁割，将裁好的纸折好待用。裱贴墙纸采用墙纸胶裱贴后，用刮板赶压，不得留有气泡。接缝、边缘处挤出的胶应及时用干净的湿软布擦揩干净。如果边缘处有漏胶部位，须及时揭开补胶后刮平。墙纸贴好后应检查是否粘贴牢固、表面颜色是否一致，不得有气泡、空鼓、裂缝、翘边、皱折和斑污，阴阳角面要垂直挺括。1000mm远斜视无明显接缝。

木地板铺装施工工艺

工艺流程：基层清理→弹线→地板进场堆放→铺设防潮垫→选板试铺→铺设木地板→成品保护

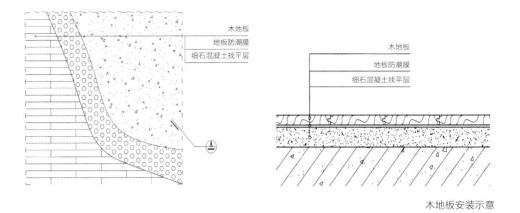

木地板
地板防潮膜
细石混凝土找平层

木地板
地板防潮膜
细石混凝土找平层

木地板安装示意

施工顺序：

按 1m 线复核建筑地坪平整度，地板基层铺饰前放线定位。地板安装前应将原包装地板先行放置在需要安装的房子里 24h 以上，地板要开箱，使地板更适应安装环境。地板需水平放置，不宜竖立或斜放。

地板铺装前，拆除基层彩条保护，清扫干净，铺装珍珠防潮薄膜。薄膜拼接处用胶带纸黏合，以杜绝水分侵入。

地板铺装时，地板与四周墙壁间隔 10mm 左右的预留缝，地板之间接口处可用专用防水地板胶固定。为有效解决地板变形，在有条件的情况下建议地板与四周墙壁 10mm 预留缝处设置弹簧固定。

所有地板拼接时应纵向错位（工字法）进行铺装。地板铺设前应该进行预铺，剔除色差明显的地板，对于地板颜色偏差较大的在排版时确定铺设于次要部位，如卧室的床底、客厅的沙发底等部位，并对房间方正偏差进行纠偏措施。每一片地板拼接后，用木槌和木条轻敲，以使每片地板公母榫企口密合。在铺钉时，钉子要与表面呈一定角度，一般常用 45°或 60°斜钉入内。

包房

设计： 酒店包房以艺术品、古铜镜面不锈钢和木饰面相结合，极大地美化了环境，使人在住宿休息的同时也能提升观感，加上外围湖泊和花园的景色，使人感到温馨、愉悦。

包房

材料：墙面为木饰面、壁纸、艺术品、古铜镜面不锈钢，地面为木地板、地毯，顶棚为石膏板造型涂料、LED射灯及暗光带等。

轻钢龙骨石膏板吊顶施工工艺

施工流程：弹线→安装吊杆→安装主龙骨→安装副龙骨→主龙骨调平→安装罩面板→钉帽刷防锈漆→处理接缝、钉眼

施工顺序：吊顶施工前根据设计图纸要求，综合考虑各管线的安装尺寸要求，统一安排布置定位，绘制综合布线图，确定吊顶标高，弹放墨线及大样。

吊顶采用传统形式，吊杆采用 ϕ8热镀锌成品螺纹杆，间距不大于900mm，龙骨采用指定品牌的50系列轻钢龙骨（50主龙骨50副龙骨），主龙骨间距不大于900mm。

主龙骨按房间短跨方向1‰～3‰起拱，吊杆长度超过1.5m须做反向支撑，副龙骨间距300mm，横撑龙骨间距600mm。

造型吊顶底板或周边挂 18mm 厚细木工板，细木工板对接连接处需用燕尾榫进行连接，以增加抗拉力；细木工板底板或周边挂板高度 300mm 以内的，需做一个燕尾榫铆接，榫长宜控制在 150mm 以内，榫高宜控制在 200mm 以内；细木工板底板或周边挂板高度 300mm 或 400mm 以上的，需做两个以上燕尾榫铆接，每个榫长宜控制在 120mm 以内，榫高宜控制在 150mm 以内；且背部加衬板，所有铆接部位需用自攻螺钉加固。

第一层石膏板与第二层石膏板之间需错缝铺贴，夹层内满涂白胶。石膏板转角处用石膏板基层粘贴网格布加强。

安装石膏板的自攻螺钉钉帽须沉入板面 0.5 ~ 1.0mm，但不能使纸面破损。钉帽涂防锈漆，腻子掺防锈漆补平。石膏板安装前，须核对灯孔与龙骨的位置，严禁灯孔与主、次龙骨位置重叠。

石膏板接缝须用石膏板配套嵌缝剂嵌填，吊顶与墙面连接处需用纸带满涂白胶粘贴处理，面层按规范要求施工。

木饰面施工工艺

施工流程： 弹线定位→安装固定件→龙骨配制与安装→基层板安装→饰面板安装

施工顺序：
木饰面安装前，应根据设计要求，结合现场标高、平面位置、竖向尺寸、完成面，进行弹线定位。

根据弹线位置，墙面钻孔，埋置固定件（木楔须防腐、防火处理），横、竖龙骨间距为 400mm，龙骨安装必须找方、找直，在安装龙骨时预留板面厚度。

基层板与基层龙骨连接采用自攻螺钉固定，基层板与基层板拼接时应留 2 ~ 3mm 膨胀缝隙。基层板与地面完成面留 20mm 缝隙，防止受潮。

木饰面由专业厂家加工、现场安装，木饰面背面刷防潮漆封闭，饰面板配好后进行试拼，确保面板尺寸、接缝、接头处构造合适，且木纹方向、颜色观感符合要求，然后进行正式安装。

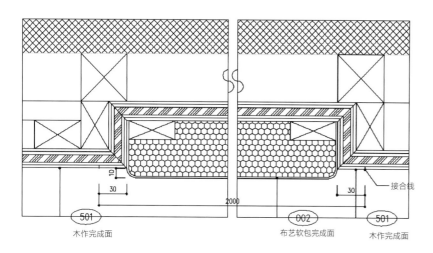

木饰面详图

卫生间效果图

卫生间

卫生间瓷砖铺贴工艺

工艺流程：基层处理→刷界面剂→根据排版图弹线分格→选砖→浸砖→镶贴面砖→勾缝与擦缝

施工顺序：

基层为混凝土墙面时的操作方法为，首先将凸出墙面的混凝土剔平，将光滑的混凝土墙面凿毛，并用钢丝刷满刷一遍，再浇水湿润。墙面基层满刷一道界面剂。

按图纸要求进行分段分格弹线、拉线；再进行面层贴标准点的工作，以控制出墙尺寸及垂直度、平整度。

釉面砖镶贴前，首先要选砖，剔除缺棱掉角、翘曲等不合格的面砖；根据砖的尺寸误差，选出大、中、小三种规格，将砖进行分类摆放。根据排版图及墙面尺寸，注意砖的排版与开关、插座、龙头等点位的对齐、对缝、对应关系，切割砖的规格不应小于整砖规格的1/3。将砖背面用钢丝刷清扫干净，放入净水中浸泡2～3h，取出待表面晾干或擦干净后方可使用。

镶贴应自下而上进行，在最下一层砖的上口位置线先稳好靠尺，以此托住第一层面砖；在面砖外皮上口拉水平通线，作为镶贴的标准；在面砖背面宜采用专用胶黏剂镶贴，胶黏剂厚度为6～10mm，粘贴后用灰铲柄或橡皮锤轻轻敲打，使之附线，再用钢片调整竖缝，并用靠尺通过标准点调整平整度和垂直度；铺贴过程中需及时清理砖缝内及砖表面的黏接材料。

面砖铺贴完成后，用专用勾缝剂进行勾缝，先勾水平缝再勾竖向缝；要求勾缝平整、饱满；面砖勾缝完成后，用布或绵丝擦洗干净。

浴缸安装工艺

安装流程： 放线定位 →上、下水管道安装→地面导墙及预留埋件→防水施工及保护层→ 焊接钢骨架 → 石材干挂（周边瓷砖完成）→ 浴缸安装

施工顺序：

按设计图纸要求于现场弹线，根据墨线安装上、下水管道。

楼面清理干净，∟40×4 镀锌角码与楼板固定，∟40×4 镀锌角钢与角码焊接，结构楼面预植 ϕ6mm 圆钢，间距不大于 300mm，在顶端处焊接 ϕ6mm 圆钢连接，制模浇捣导墙，导墙处地面应预先凿毛，采用细石混凝土浇捣，并与地面统一作防水处理。

横向焊接∟40×4 镀锌角钢与埋件连接，间距根据石材排版尺寸，留设石材检修暗门，检修门规格及方向需符合检修要求。

所有钢构件均采用热镀锌钢材，焊缝等处刷防锈漆。采用不锈钢干挂件，用 ϕ8 螺栓固定于横龙骨。采用短槽式干挂法安装石材，刷防护，固定槽内涂专用胶。

浴缸与石材相接部位按浴缸边缘压石材的做法施工，石材台面按整块石材根据浴缸尺寸切割镂空磨边，工厂加工完成后现场安装，石材与浴缸交接处用耐候胶收口。

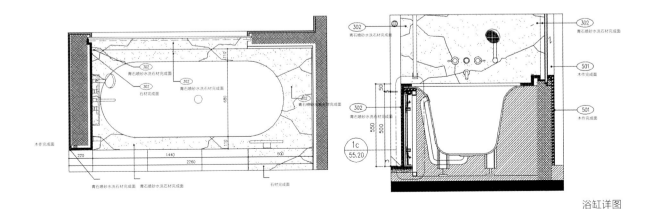

浴缸详图

丽江瑞吉会馆

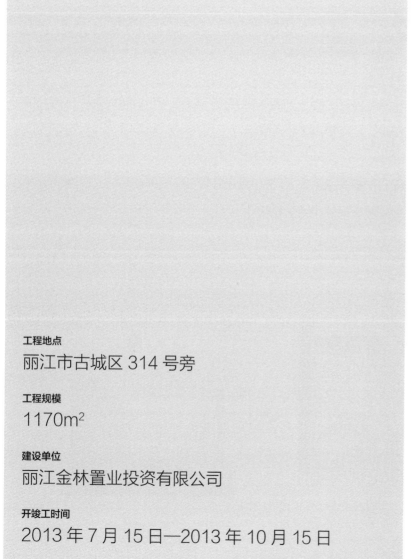

工程地点
丽江市古城区 314 号旁

工程规模
1170m²

建设单位
丽江金林置业投资有限公司

开竣工时间
2013 年 7 月 15 日—2013 年 10 月 15 日

会馆外景

设计特点

丽江瑞吉会馆位于丽江市古城区 314 号旁，是一座相对独立的院落，属于一类多层建筑，局部二层。会馆整体为高档会所精装修工程，施工工艺复杂，施工技术及质量要求高，装饰材料品种多样。

空间介绍

首层

设计：首层由签约室、音乐室、男女卫生间、健身房、会议室、办公室、餐厅包房、备餐间等功能区域组成。设计高雅华丽，豪华而不平庸，造型统一中富于变化，是会馆的主题部分。首层功能设计合理完善，签约室、音乐室、包房等的规划和布局恰到好处，会馆的主要接待功能展露无遗。

材料：手绘真丝壁布、特殊金属油漆、艺术镀钛不锈钢、夹丝阴刻镀膜玻璃、艺术陶瓷等。

造型顶棚吊顶施工工艺

签约室的墙面主要以手绘特殊壁布为主。在顶棚木梁及木饰面的衬托下，顶棚和墙面灯光的照射烘托出温馨、亮丽的氛围，使人感觉心情愉悦、神清气爽，配上音乐室温馨的音乐氛围，使会馆一层表现出大气磅礴、温馨舒服的鲜明特点。金属波浪墙面采用的不锈钢金丝乱纹表面处理，以及不锈钢不规则造型处理的吧台，显示出整个装修饰面的温馨氛围，营造了一个淡雅又高雅脱俗的视觉空间。

根据设计要求，签约室和音乐室的顶棚造型比较复杂，使用材料较多，规格尺寸多变，施工前先采取高精度放线定位，然后在两侧安装木饰面、实木条及实木梁造型，原水泥板采用勾缝处理，木饰面墙板采用挂条式安装，在专业木制品加工厂加工为半成品及成品。

会馆庭院一隅

接待厅

办公室内景和外景

签约室内景

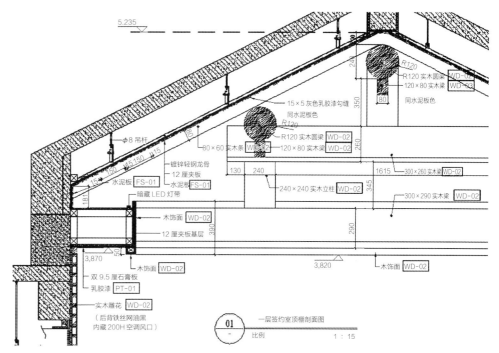

签约室剖面图 1

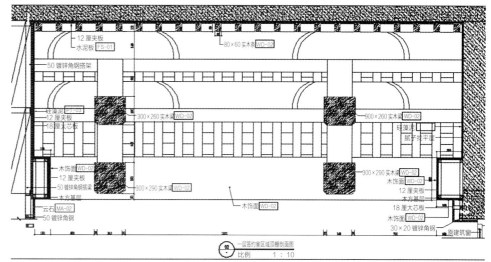

签约室剖面图 2

现场定位放线制作钢骨架基层。基层骨架与原结构墙面连接无松动，接缝严密结合，必须确保基层钢骨架的稳定性及承载性。

再将阻燃夹板固定于钢骨架上作为木饰面基层，外购成品木饰面挂条式安装，完成后保证接缝严密，平整度及垂直度在可允许范围内，表面纹理、色系一致，漆面厚度均匀无流淌痕迹。

在顶棚周边采用 20mm×10mm 灰沙铜收边条进行收边处理，顶棚木饰面、实木条及实木梁制作及安装过程严格按照设计要求执行。

由于顶棚造型凹凸槽线条较多，尺寸大小不一，根据实际情况，木饰面加工厂家现场放线、核准尺寸，并根据确认的尺寸、规格定制加工符合施工要求的加厚 PVC 边角凹槽条，在现场采用红外线定位安装，取得了非常好的安装效果。

按照设计图纸要求，明确、定位整体顶棚综合图纸中的筒灯、喷淋、风口、检修口等的位置，确保布置中避开主、副龙骨，主龙骨吊杆间距不大于 1000 mm，主龙骨端头吊杆距端头不大于 250 mm。

签约室及音乐室墙地面施工工艺

签约室和音乐室地面为实木地板，颜色和顶棚实木条与实木梁相近，实现了天地呼应的效果，大气高贵又不失简洁，设计风格雅致。在地面水泥砂浆找平的基础上，由专业木地板安装工人现场安装地板，保证安装质量和安装效果，并在四周地脚线位置留 1cm 的预留伸缩缝，以防天气和温度变化引起热胀冷缩，造成木地板变形、起拱。

多媒体室的墙体由于隔声和音效要求，需采取特殊施工工艺，用 12cm 木夹板做基层，再用 12cm 高密度板加厚，然后用高密度海绵和设计选用的装饰扣布进行处理，这样在效果上达到统一协调，色彩对比度高，环境幽雅温馨，又能使墙体的隔声和回声效果达到设计要求。

包房

设计：墙面阳角采用硅藻泥艺术涂料施工，现场将墙体基层按硅藻泥施工要求处理好后，根据设计效果要求，厂家专业技术施工人员进场施工，先做一面墙的样板，确认样板效果和质量后，展开大面积的施工，并进行成品保护和分批次质量验收。

石材门套线的安装，第一步用 5mm×5mm 的角钢，根据安装尺寸要求，焊制干挂线条用的骨架（焊缝平整光滑，并作防锈处理），根据现场测量尺寸，进行石材线条排版，原则上门套线的竖线条整体通长加工，以保证视觉效果。将加工好的石材线条按照安装部位进行编号、包装，并运输到施工现场。用 AB 胶和不锈钢干挂件将石材线条连接固定，保证连接牢固。

材料：石材、木地板、实木梁、墙面木饰面、硅藻泥、灰砂钢饰面、灰茶镜等。

包房吊顶施工工艺

按照设计图纸要求，确定整体顶棚综合图中的筒灯、喷淋、风口、检修口等位置，确保避开主、副龙骨。主龙骨吊杆间距不大于 1000mm，主龙骨端头吊杆距端头不大于 250mm，主龙骨与墙面距离不大于

包房

300mm；按照 400mm×600mm 方格布置副龙骨（或副龙骨中心距为 300mm），副龙骨的接缝要错开。

顶棚中的灯带、跌级梁、跌级板采用 18mm 细木工板背加加强板，刷防火、防腐、防潮涂料三遍，再封纸面石膏板，石膏板需满刷白乳胶，以预防接缝开裂。

异形部位均采用 18mm 细木工板骨架施工。

顶棚封石膏板，第一层石膏板自攻螺钉间距为 300mm，在阴阳角处加设多层刀把板，刀把板外铺白铁皮，再进行第二层封板，板边自攻螺钉间距为 150mm，板中自攻螺钉间距为 200mm（螺丝埋入板面 0.5～1mm）。第二层板边满刷白乳胶，板中 300mm 打点刷胶，板与板之间留缝为 5mm。

包房顶棚按设计要求，基础工艺施工要求和上述施工方法基本一样，但为追求效果，变化很多。一是采用人字梁形状，关键部位使用轻钢龙骨折弯处理并加固处理，在调平后作基层。二是在实木板基层处加封 12cm 夹板，裸露的水泥板接缝处作勾缝处理。三是将装饰用 R120 的实木圆梁按设计尺寸固定在顶棚上，并在每个圆梁下面加固 120mm×80mm 的实木梁。四是在顶棚跌级四周按要求订制加工雕刻木饰面，并在现场夹板上安装完成。

包房吊灯设计

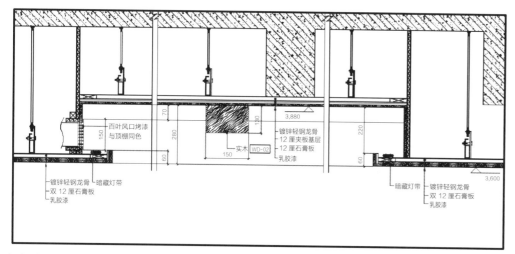

百叶风口烤漆
与顶棚同色

3,880

镀锌轻钢龙骨
12 厘夹板基层
12 厘石膏板
乳胶漆

实木 WD-02

镀锌轻钢龙骨
暗藏灯带
双 12 厘石膏板
乳胶漆

暗藏灯带
镀锌轻钢龙骨
双 12 厘石膏板
乳胶漆

3,600

包房顶棚剖面图

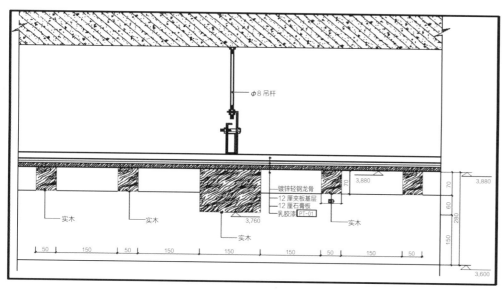

φ8 吊杆

镀锌轻钢龙骨
12 厘夹板基层
12 厘石膏板
乳胶漆 PT-01

3,880

实木

实木

3,760

实木

实木

3,600

50   150   50   150   150   150   50   150   50

包房吊顶节点图

健身房

设计：健身房的设计以顶棚实木梁为主要装饰手法，下边贴实木条点缀增加层次感，周边为木饰面，两侧顶棚石膏板涂刷乳胶漆点缀，四周用灰砂铜收边条收口，水泥板块之间勾缝处理，立面墙体配以各种衣柜或健身用多功能柜，地面以实木运动地板铺贴，以满足健身者的使用要求，整体空间大气；四周出入口畅通，空气流动性好。顶棚配以暖色调的筒灯，烘托健身房方正、简洁的空间。

材料：地面为实木运动木地板、顶棚为原色水泥板，采用木饰面、实木梁、实木条、灰砂铜收口条、乳胶漆等材料。

顶棚安装施工工艺

按照设计要求对顶棚进行了板块划分，通过精确放线，对实木梁进行准确定位，并用金属吊杆等固定件将实木梁固定在水泥板顶棚上，在这之前，做好强电、空调、弱电、消防等功能的管线，并合理排版，保证观感和使用功能。做好周边木饰面的基层，即在已调好的轻钢龙骨上，安装12cm夹板（做好防腐、防潮、防火处理最少三遍），按尺寸要求订制加工木饰面，厂家专业安装人员现场安装。石膏板批灰刮腻子，干燥打磨后，涂刷乳胶漆，等所有安装完成后，再对乳胶漆进行修饰，顶棚施工整体完成。

健身房内部空间

绿城西子·青山湖玫瑰园会所

工程地点
临安区青山湖街道民主村

工程规模
7697m²，造价 2800 万元

建设单位
临安西子房地产开发有限公司

开竣工时间
2009 年 11 月 21 日—2011 年 1 月 15 日

会所远景

设计特点

绿城西子·青山湖玫瑰园会所，地处杭州市临安区青山湖地块，风景秀丽。青山湖地块作为杭州旅游西进的重要区域，拥有得天独厚的生态环境优势。项目占地 107hm²，南眺青山湖，北靠石临景观大道，以石临景观大道连接 02 省道、杭徽高速以及文一路临余延伸段，与杭州主城构成便捷的交通体系。

酒店整体为中西合璧的设计风格，施工工艺复杂，施工技术及质量要求高，装饰材料品种多样。本工程为地下一层、地上二层，按功能划分成多个区域，且每个区域划分各不相同，设计风格古朴典雅、富丽堂皇。

地下一层以娱乐休闲为主，有游泳池、VIP 理疗区、休闲区、公共区域等。

一层划分为大堂、大堂吧、东西电梯厅、大堂接待厅及办公室、公共卫生间、护理室、医疗室、多功能厅、接待前厅、商务中心、东西旋转楼梯、标准客房。

二层划分为酒吧、公共卫生间、东西电梯厅、东西旋转楼梯、会议室、公共走廊、套房 A、套房 B、套房走廊。

会所外环境

游泳池

空间介绍

红酒吧及休息厅

设计：红酒吧及休息厅，采用现代欧式风格，以硬包和木饰面为主，满足高档宴会活动的使用要求，整体空间大气，并采用彩色玻璃及不锈钢边框对整个大厅进行点缀。暖色调烘托红酒吧及休息厅的热烈气氛，方正、简洁的空间气氛，与现代水晶吊灯与红酒吧及休息厅的典雅设计相呼应，凸显了红酒吧及休息厅的富丽堂皇。

材料：地面采用实木地板、石材、不锈钢，吊顶采用双层石膏板乳胶漆饰面、木饰面、石材、石膏角线、花灯、射灯等，墙面采用木饰面、壁灯、硬包、石材、不锈钢、玻璃、艺术装饰画等。

酒吧顶棚施工工艺

按照设计图纸要求，对顶棚造型进行放线定位，采用18mm厚细木工板及背增加强板，刷防火、防腐、防潮涂料三遍，预制造型顶棚基层骨架，安装吊件对预制的造型骨架进行吊装、校平、校正，再与平顶顶棚龙骨进行安装连接。顶棚灯槽内侧板下口与副龙骨做平，内侧板背面再用挂件固定，以增加灯槽的受力支撑。灯槽外口与内口的副龙骨内嵌木龙骨连接，对木龙骨进行防火处理。整体顶棚骨架隐蔽工程验收合格，封顶棚石膏板。

制作木造型时需做燕尾榫，本工程采用18mm厚椴木芯优质细木工板制作造型时，如果长度超过夹板2.4m的模数，在连接处采用"燕尾榫卯"法连接，利用楔形的咬合力，摒弃传统的平接法，在接头夹板背面背衬一块60cm的进口5mm夹板，并用20mm直型汽钉固定，将连接牢固的夹板放在水平工作台上，重压，黏接胶干燥后即可使用。此方法与"平接法"相比，特点是接缝紧密，接头平整，使用后不会开裂。

二层走廊

设计：走廊采用现代简欧式设计风格，造型统一又富于变化，具有完备的通行功能，对服务台、楼梯等重要接待功能进行了重新规划和定位。

红酒吧休息厅

红酒吧内景

二层走廊

材料：地面采用西班牙米黄石材、帝黄金石材、圣罗兰石材等饰面。吊顶石膏板饰面采用乳胶漆、马来漆饰面。照明采用 LED 灯带、水晶艺术花灯、壁灯等。墙面采用高档壁纸、石材、不锈钢饰面等。

走廊墙面石材施工工艺

墙面石材经深化设计、排版审定确认后，在专业的石材厂排版加工，首先对整版墙面石材的用量进行核算，选定足量的大板材料，按照设计加工图进行排版切割，确保石材色系、纹理一致，经验收合格进行六面防护处理，按照石材排版图进行编号、包装、装箱。

墙面石材基层骨架采用 9m 6 号镀锌槽钢竖向主骨架，骨架与原结建筑构梁、板、墙连接牢固，骨架的平整度与垂直度要符合验收要求。然后按照石材排版图进行横缝放线，制作横排骨架与竖向骨架，焊接牢固并刷好防锈漆。采用不锈钢干挂件进行石材安装，并在每一干挂件处用 150mm×100mm 石材背板采用 AB 结构胶进行黏接，增强每一干挂点的连接强度。

待墙面石材干挂完成，需调制与石材同色的云石胶进行填缝、抛光处理，然后进行琉璃绿玻安装，采用美容胶填充收口。

会议室

会议室

设计： 空间布局方正规整，顶棚造型落落大方，有效地丰富了空间层次感。采用现代简欧设计手法，给会议室赋予经典的现代艺术气息。空间材料用硬包、石材及木饰面搭配，增添空间的厚重感。会议桌及皮革会议椅组合严肃、大方。地面选用手工地毯，色彩浑厚且富于变化，空间氛围自然轻松。

材料： 地面采用地毯、过门石材饰面，吊顶采用石膏板、石膏线、乳胶漆饰面，照明采用 LED 灯带、花灯、射灯等，墙面采用木饰面、壁纸、不锈钢、硬包、壁灯等。

造型墙面木饰面安装工艺

按照深化设计图纸确认的规格及造型在工厂制作成单元式成品后，在现场进行拼装。

在安装木饰面格栅前，先进行现场定位、放线、制作钢骨架基层，需将底层骨架与原建筑墙面牢固、平整地连接在一起，再将细木工板固定于骨架上。木饰面墙板采用挂条式安装。

一层走廊

因木饰面跨幅大、高度高，基层骨架与原结构墙面连接需无松动、接缝严密，必须确保基层钢骨架的稳定性及承载性。再将阻燃夹板固定于钢骨架上作为木饰面基层。外购成品木饰面挂条式配件，确保木饰面安装完成后接缝严密，平整度及垂直度控制在可允许范围内，表面纹理、色系一致，漆面厚度均匀无流淌痕迹。

一层走廊

设计：采用现代简约的欧式设计风格，走廊墙面特色石材套线及墙面壁纸装饰清新脱俗、高雅大气，色调完美统一，同时以特色艺术图案点缀墙面，新颖的艺术吊顶展现出现代欧式简约的文化元素。整体布局合理，体现了空间的使用功能。墙面与顶棚简洁的造型使整个空间具有很强的现代气息。

材料：地面采用西班牙米黄石材，吊顶采用双层石膏板、石膏角线、乳胶漆，设照明花灯、射灯、LED 灯带等，墙面采用硬包、壁纸、石材套线、成品艺术挂画装饰等。

走廊顶棚施工工艺

按照设计图纸要求，确定整个顶棚综合图中的筒灯、喷淋、风口、检修口等位置，确保功能性设备避开主、副龙骨。

主龙骨吊杆间距不大于 1000mm，主龙骨端头吊杆距端头不大于 250mm，主龙骨与墙面距离不大于 300mm；副龙骨布置按照 300mm×600mm 方格，副龙骨的接缝要错开。

顶棚中灯带暗槽、跌级梁、跌级造型采用 18mm 细特级木工板背面加加强板防变形处理，并涂刷防火、防腐、防潮涂料三遍。再安装纸面石膏板，同时满刷白乳胶（预防接缝开裂），异形部位均采用 18mm 细木工板骨架施工。

顶棚封第一层石膏板自攻螺钉间距为 300mm，在阴阳角处加设多层刀把板，刀把板外铺贴 0.8mm 镀锌铁皮白铁皮进行防开裂处理。进行第二层石膏板安装时，板边自攻螺钉间距为 150mm，板中自攻螺钉间距为 200mm（螺钉埋入板面 0.5～1mm），板边满刷白乳胶，板中间隔 300mm 打点刷胶，板与板之间留缝为 5mm。

电梯大堂

设计：电梯大堂在满足不同客人视觉需求的基础上，也提高了会所的尊贵感。顶棚造型大方简洁，精心挑选的石膏角线，打造了一个完美造型装饰艺术吊顶，丰富了空间的层次变化。墙面特色石材造型装饰与地面拼花石材饰面相呼应，以简洁手法勾绘出的现代简欧装饰是完美的视觉盛宴。

材料：地面使用西班牙米黄、锈石、深啡网、圣罗兰、万寿红、帝黄金、土耳其绿、罗马紫罗红等石材，吊顶使用双层石膏板、石膏线喷刷乳胶漆饰面、马来漆饰面，照明采用 LED 灯带、筒灯、艺术花灯、壁灯等，墙面使用西班牙米黄石材、6mm 银镜饰面、盛罗兰石材、马来漆饰面等。

墙地面石材施工工艺

根据设计要求，对电梯大堂的墙、地面进行综合性石材排版。石材原料在专业石材厂家经过严格挑选，按照石材自身纹理排版加工成型，对石材进行排版、分块、放线。

电梯厅

大堂

在专业的石材厂排版加工墙面石材前，首先对整体墙面石材的用量进行计算，在专业加工厂家选定足量的大板材料，按照设计深化加工图纸进行排版切割，确保石材色系、纹理一致，经验收合格进行涂刷六面防护处理，按照石材排版图进行编号、包装、装箱。

墙面石材基层主骨架采用 9m 6 号镀锌槽钢竖向安装，骨架与原结构梁、板连接安装牢固，骨架的平整度与垂直度应符合验收要求。然后按照石材排版图进行横缝放线，制作横排镀锌角钢骨架，与竖向骨架焊接牢固，焊缝刷好防锈漆。使用不锈钢干挂件进行石材安装，并在每一干挂件处采用 AB 结构胶黏接 150mm×100mm 石材背板，增强每一干挂点的坚固性。待墙面石材干挂完成，需调制与石材同色的云石胶进行填缝、抛光处理。然后进行琉璃绿玻安装，最后采用美容胶填充收口。

厦门半山御景
B03 子地块

工程地点
厦门市思明区仙岳路西郭片区

工程规模
40600m²，造价 15184 万元

建设单位
厦门嘉裕房地产开发有限公司

开竣工时间
2013 年 1 月 30 日—2013 年 6 月 30 日

设计特点

厦门半山御景位于厦门市思明区仙岳路西郭片区，北望厦门市著名的仙岳山，是厦门岛内唯一建于半山之上的大型高档住宅小区。高层豪宅建筑内设标准户型 178 套、复式户型 8 套以及地下室等配套公共区域。半山御景是厦门市这座以旅游为主的城市屈指可数的纯高品质人文住宅社区，它的特点并不是拥有多少繁华与焦点，而是在这喧哗的城市中给人以难得的一丝宁静。此工程是厦门市与福建发展集团的标杆工程。

小区环境

空间介绍

客厅及厨房

设计：客厅及厨房的设计以石材和硬包为主，满足高档会客活动和使用要求，细部采用玫瑰金不锈钢条收口，与地面拼花石材相呼应，并配以胡桃木色系列家具，营造豪雅、时尚、静美的空间氛围。

材料：墙面采用壁纸、硬包饰面、防水镜面、条纹钢化艺术玻璃、玫瑰金不锈钢、奥特曼米黄石材、瓷砖等。地面采用奥特曼米黄石材、深啡网石材及浅啡网石材拼花。顶棚为双层石膏板吊顶，设照明水晶吊灯、LED 射灯及灯带等。

墙面石材粘贴工艺

按照设计要求对墙面布置进行放线排版分块，并对石材进行综合性排版，在专业石材厂家严格挑选原料，按照石材自身纹理排版加工成型，并做好石材防护措施，石材编号装箱运至施工现场。

现场对硬包按照分块尺寸进行墙面基层制作，做好防腐、防火、防潮处理。

客厅

按照石材排版图编号方向，采用白色石材胶黏剂粘贴石材，黏接层保持在 5 ～ 8mm（墙体提前做好找平工作），并在每块石材上口背面开槽 2 ～ 3 处（根据石材宽度而定），加设铜条用胶固定后，将铜条与墙面预埋的机械螺钉连接黏接牢固。再把加工成型的不锈钢收口条用结构玻璃胶安装牢固。

墙面硬包在现场加工制作并采用挂条式安装方式，接缝均匀，平整度、垂直度符合验收要求。装修主、辅材料均采用绿色、环保材料，其有害物含量均为合格。

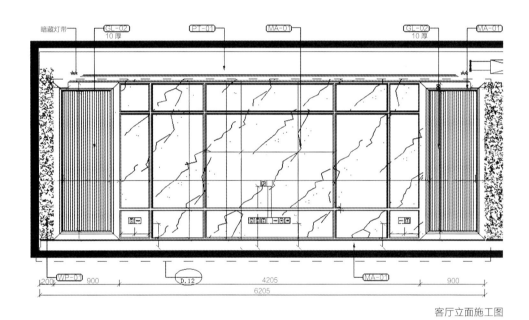

客厅立面施工图

客厅 B 立面施工图

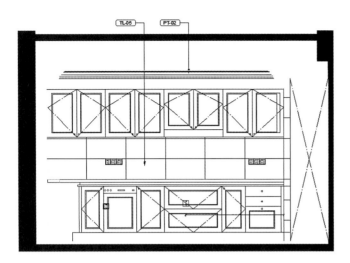

厨房 A 立面施工图

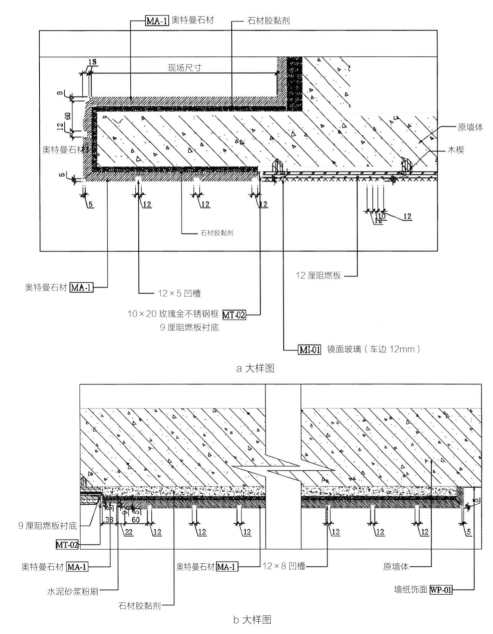

MA-1 奥特曼石材　　石材胶黏剂

现场尺寸

原墙体

木楔

奥特曼石材

15
8
60
12
5
5
12　　12　　12
12
10
12

石材胶黏剂

奥特曼石材 MA-1

12×5 凹槽

10×20 玫瑰金不锈钢框 MT-02

9 厘阻燃板衬底

MI-01 镜面玻璃（车边 12mm）

12 厘阻燃板

a 大样图

9 厘阻燃板衬底

MT-02

奥特曼石材 MA-1

水泥砂浆粉刷

石材胶黏剂

38　5　60
22　12　12　12

奥特曼石材 MA-1

12×8 凹槽

12　12　12

5

原墙体

墙纸饰面 WP-01

b 大样图

墙面做法大样图

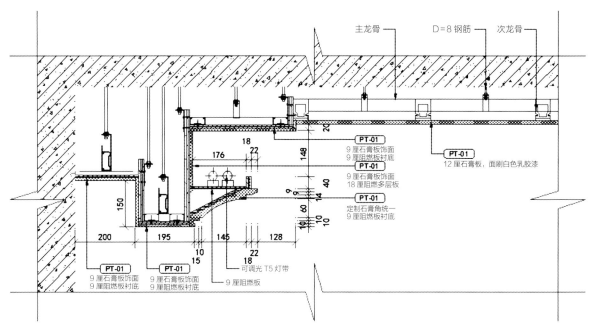

主龙骨　　D=8 钢筋　　次龙骨

PT-01
9厘石膏板饰面
9厘阻燃板衬底

PT-01
12厘石膏板，面刷白色乳胶漆

PT-01
9厘石膏板饰面
18厘阻燃多层板

PT-01
定制石膏角统一
9厘阻燃板衬底

PT-01
9厘石膏板饰面
9厘阻燃板衬底

PT-01
9厘石膏板饰面
9厘阻燃板衬底

可调光 T5 灯带

9厘阻燃板

客厅、餐厅顶棚 A 大样图

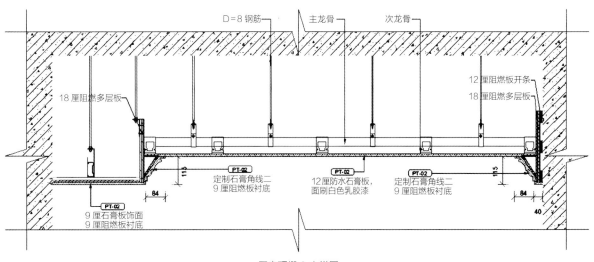

D=8 钢筋　　主龙骨　　次龙骨

18厘阻燃多层板

12厘阻燃板开条
18厘阻燃多层板

PT-02
定制石膏角线二
9厘阻燃板衬底

PT-02
12厘防水石膏板，
面刷白色乳胶漆

PT-02
定制石膏角线二
9厘阻燃板衬底

PT-02
9厘石膏板饰面
9厘阻燃板衬底

厨房顶棚 A 大样图

厨房顶棚施工剖面图

复式客厅

复式客厅

设计：复式客厅的设计恢宏大气，色调稳重统一，既有良好的接待功能，同时也巧妙地利用色彩对比，使空间多变、高雅、大方。整体空间被完美分隔，使空间利用率得到提升。

材料：墙面为胡桃木饰面，实木栏杆扶手，采用奥特曼石材、皮革硬包、壁纸、不锈钢。地面为奥特曼石材、深啡网石材及浅啡网石材拼花。顶棚石膏板双层吊顶。照明采用水晶吊灯、LED射灯及灯带等。

施工工艺

按照设计要求，对墙面石材、木饰面及不锈钢条进行综合性排版、分块、放线。墙面石材在专业的石材厂排版加工，首先对整体墙面石材的用量进行核算，选定足量的石材大板，确保石材色系、纹理一致。按照设计加工图进行排版、切割，经验收合格后进行六面防护处理，按石材加工图进行编号、包装、装箱。

特色吊灯

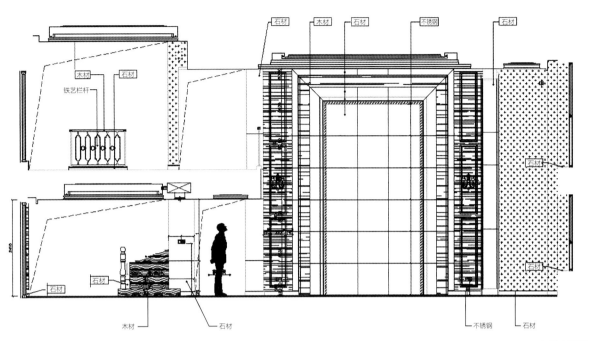

大堂立面图

墙面石材基层采用钢骨架结构，骨架与原结构梁、板连接牢固，骨架的平整度与垂直度符合验收要求。采用不锈钢干挂件进行石材安装，待石材干挂施工完成后，需调制与石材同色的云石胶进行填缝、抛光处理，最后进行成品不锈钢收口条安装。

木饰面墙板在专业木制品工厂加工成半成品及成品，先在现场定位放线，制作骨架基层，因木饰面高度较高，基层骨架与建筑原结构墙面连接须无松动，必须确保基层骨架的稳定性及承载性，再安装阻燃夹板作为木饰面的基层。外购成品木饰面采用挂条式安装方式，保证接缝严密、线型顺直，平整度及垂直度符合验收要求，木饰面表面纹理、色系一致，漆面厚度均匀，无流淌痕迹。

卧室

设计：采用现代的设计风格，主背景墙特色软包与胡桃木线框搭配，气质高雅。墙面与顶棚的简洁造型，使人感受到空间清洁、温馨、舒适、宁静的现代气息。

材料：墙面为胡桃木饰面，采用奥特曼米黄石材、壁纸、软包。地面为实木地板。顶棚为石膏板吊顶，采用乳胶漆、照明灯带、LED射灯等。

卧室

特色壁纸

背景墙施工工艺

按照设计图纸定位床头背景木饰面，然后进行墙面基层骨架制作，骨架与原建筑墙体连接牢固，平整度符合验收要求，经隐蔽验收合格，安装阻燃夹板作为基层板，并对基层灯带进行制作，木基层做好防腐、防火、防潮处理。由专业的木作厂家生产木饰面线条，木线条需工厂整条加工并由厂家切割成45°角，经试拼合格后再作油漆处理，整体验收合格后包装运至现场。木线条采用免钉胶安装粘贴，床头背景硬包在现场制作拼装，采用挂条式安装方式，接缝自然、平整。安装完成后整体平整度与垂直度符合验收要求。

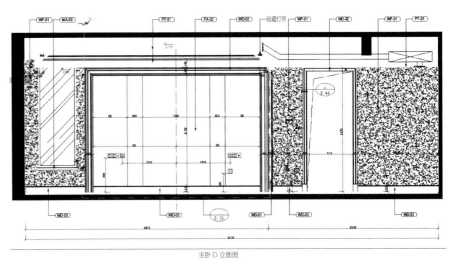

主卧 D 立面图

卧室立面施工图

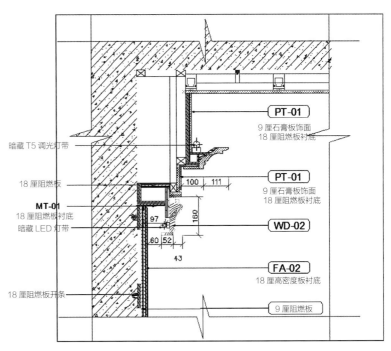

床头背景墙节点图

窗帘盒制作工艺

现场放线定位后按照图纸要求下料，轻钢龙骨吊筋安装，细木工板窗帘箱基架制作完成后安装固定，面贴石膏板。为防止开裂，窗帘箱外侧需加强一层石膏板，石膏板与阻燃夹层需满涂白乳胶。木基层需进行防腐、防火、防潮处理。

卫生间

设计： 设计风格现代，洗手台优雅沉静，洗手台墙面的银镜有效地加强了卫生间的空间感，空间上的色彩运用，凸显温馨、舒适的氛围。

材料： 墙面为奥特曼米黄石材、玫瑰金不锈钢、胡桃木饰面，设镜柜、洗手柜，采用防水镜面；地面为奥特曼米黄石材、深啡石材、浅啡石材；石膏板吊顶，设LDE射灯、浴缸等。

洗手台制作工艺

按照设计图纸，洗手台柜由专业的木作厂绘制加工图纸，经确认后进行成品加工，柜体材料采用多层夹板基层，柜体板双面贴0.6mm厚黑胡桃木皮饰面，进行六面油漆喷刷，实现柜子的防潮功能并达到美观效果。

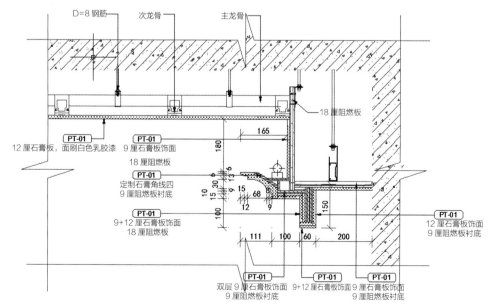

窗帘盒施工节点图

成品柜子经工厂验收合格后包装运至现场进行安装。考虑卫生间水较多，洗手柜下增设地台，在地台上安装洗手台柜并与墙体连接牢固。考虑机电水管的检修作业，洗手台下柜背板及层板使用活动式柜板。

在专业的石材厂家定制洗手台柜台面石材，并按台盆的规格尺寸进行 CAD 图纸定位，采用工厂水刀切割开台盆孔并进行精抛光处理及石材六面防护处理。

经验收合格后进行编号、包装出厂，现场安装完成后经检验合格后进行成品保护，最后安装卫生洁具、毛巾杆、浴巾架等五金配件。

卫生间

沈阳全运村新都喜来登酒店

工程地点

辽宁省沈阳市东陵区

工程规模

6738m²，造价 3090 万元

建设单位

沈阳全运村建设有限公司

开竣工时间

2012 年 8 月 1 日—2013 年 3 月 31 日

沈阳圣运村新都喜来登酒店外景

客房内景

设计说明

沈阳全运村新都喜来登酒店位于辽宁省沈阳市东陵区沈本大道莫子山村，该酒店是集餐饮、娱乐、健身、
住宿、商务办公于一体的白金五星级酒店，总建筑面积为 99762.1m²，分为地上 26 层、地下 2 层。

该工程的方案设计由香港 BLD 设计公司主创，我公司协助设计完成。各区域功能划分不同，设计风格
各异，施工工艺复杂，施工技术及质量要求高，材料品种相对较多，仅我公司施工的区域就使用了 17
种石材、20 多种墙纸，还有相当多的新型装饰材料，这些都给该工程的实施带来了相当大的挑战。特
别是游泳池区域的墙面石材拼花和贝壳的马赛克加工，在国内还是首创。最终，施工效果达到了设计目标，
工程质量完美。

空间介绍

三层室内游泳池

设计：游泳池的水面在阳光的照射下，水波荡漾，清澈透明，波光闪闪，连池底的瓷砖也被刷得干干净净，透过明亮的水，能够看清楚每一块瓷砖的色彩。

材料：顶面采用乳胶漆、异型铝单板、LED 射灯及灯带等，地面和泳池采用专用瓷砖、艺术马赛克、贵妃莎安娜石材水篦子，墙面采用造型马赛克、桃木芯木饰面、壁纸、18mm 厚西班牙米黄石材、瓷砖、12mm 厚透明钢化玻璃等。

游泳池

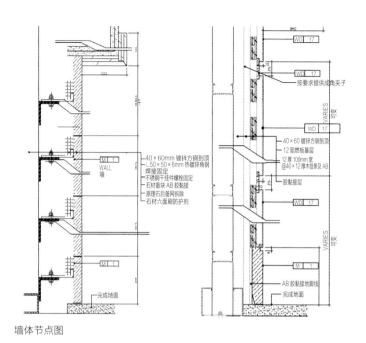

墙体节点图

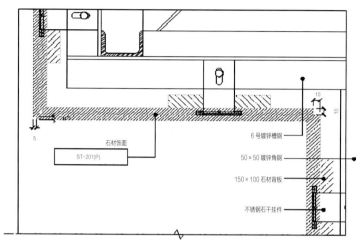

墙面石材阴阳角收口节点图

游泳池墙面施工工艺

木 饰 面 木饰面墙板采用挂条式安装方式，在专业木制品加工厂加工成半成品及成品，先现场定位放线制作钢骨架基层。因木饰面跨幅大、高度高，基层骨架与原结构墙面连接要无松动、接缝严密结合，必须确保基层钢骨架的稳定性及承载性。再将阻燃夹板固定在钢骨架上作为木饰面基层，外购成品木饰面挂条式安装，完成后保证接缝严密，平整度及垂直度在可允许范围内，表面纹理、色系一致，漆面厚度均匀无流淌痕迹。墙面木饰面制作及安装过程中严格按照设计要求执行。

墙 面 石 材 墙面石材基层骨架采用 9m 6 号镀锌槽钢竖向骨架，骨架与原结构梁、板连接牢固，骨架的平整度与垂直度符合验收要求。然后按照石材排版图进行横缝放线，横排骨架与竖向骨架焊接牢固并做好防锈、防尘处理。采用不锈钢干挂件进行石材安装，并在每一干挂件处将 150mm×100mm 石材背板用 AB 结构胶进行黏接，增强每一干挂点的连接牢固性。待墙面石材安装完成，需调制与石材同色的云石胶进行填缝、抛光处理。

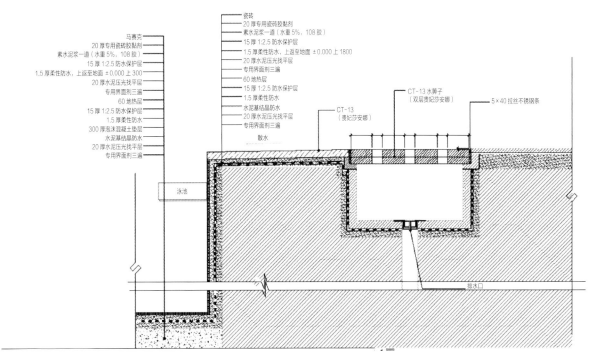

墙面石材阳角收口

瓷砖
20 厚专用瓷砖胶黏剂
素水泥浆一道（水重 5%，108 胶）
15 厚 1:2.5 防水保护层
1.5 厚柔性防水，上返至地面 ±0.000 上 1800
20 厚水泥浆找平层
专用界面剂三遍
60 地热层
15 厚 1:2.5 防水保护层
1.5 厚柔性防水
水泥基结晶防水
20 厚水泥浆找平层
专用界面剂三遍
散水

马赛克
20 厚专用瓷砖胶黏剂
素水泥浆一道（水重 5%，108 胶）
15 厚 1:2.5 防水保护层
1.5 厚柔性防水，上返至地面 ±0.000 上 300
20 厚水泥压光找平层
专用界面剂三遍
60 地热层
15 厚 1:2.5 防水保护层
1.5 厚柔性防水
300 厚泡沫混凝土垫层
水泥基结晶防水
20 厚水泥压光找平层
专用界面剂三遍

泳池

CT-13
（贵妃莎安娜）

CT-13 水莫子
（双层贵妃莎安娜）

5×40 拉丝不锈钢条

排水口

游泳池防水做法节点图

墙面石材阳角收口　石材阳角收口均采用 45° 拼接对角处理；待墙面石材全部安装完成后，调制与石材同色的云石胶作勾缝、抛光处理，勾缝必须严密；墙面石材阳角按设计要求加工（背倒角）。墙面石材阴角收口也均采用 45°（角度稍小于 45°，以利于拼接）拼接对角处理，在工厂内加工完成（正倒角）。石材墙面有横缝时（如 V 字缝、凹槽）时，根据人体的视线高度排布。

游泳池防水施工工艺

游泳池区域较多，因为面积较大，防水施工工序复杂，工艺质量控制难度大，所以专业配套穿插施工质量要求高。如果质量控制不当导致后期使用时漏水，会造成无法估量的损失，因此在泳池区域主要采取的是优化施工工艺，合理组织各工种交叉作业。根据沈阳冬季寒冷的气候特点，提前做好防冻措施，湿作业与防水、闭水等工序抢在入冬前完成，春节后只需进行面层饰面材料安装。

防水使用 JS 和水泥渗透结晶型材料，刚柔结合。室内泳池防水施工时，采用渗透结晶型防水结合 JS 防水两种互补的方式，使其硬性与柔性相结合，使防水可靠性得到更好的保证，同时因这两种防水方式均采用水泥基产品，故消除了传统防水施工后铺贴石材或瓷砖易产生空鼓的隐患。

二层东侧酒吧区

设计：二层东侧酒吧区的设计以硬包为主，以满足高档宴会活动的使用要求，整体空间大气，并采用彩色玻璃和香槟金拉丝不锈钢边框对整个大厅进行点缀。暖色调烘托宴会厅的热烈气氛，大型现代水晶吊灯装饰照明与宴会厅的整体设计相呼应，凸显了宴会厅富丽堂皇的空间美感。

材料：墙面采用壁纸、木饰面、木门、特殊饰面、乳胶漆、5mm 厚亚克力、墙面不锈钢、石材、异性穿孔铝板等，吊顶采用乳胶漆、艺术涂料、壁纸，照明 LED 灯带和射灯、水晶吊灯，地面采用 18mm 厚中国黑石材、地毯、瓷砖等。

细木工板连接工艺

本工程采用 18mm 厚椴木芯优质细木工板制作造型时，如果长度超过夹板 2.4m 的模数，在连接处采用"燕尾"法连接，利用楔形的咬合力增加连接强度，摒弃传统的平接法。细木工板接好后在接头夹板背面背衬一块 60cm 的进口 5mm 夹板满刷白乳胶，并用 20 直型汽钉固定，将固定好的夹板放在水平工作台上，重压，胶干后即可使用。此方法与"平接法"相比，特点是接缝紧密、接头平整，使用后不会开裂。

二层特色餐厅

设计：空间布局方正规整，顶棚造型落落大方，丰富了空间层次感。采用现代的设计理念，空间材料用特殊饰面及木饰面搭配，增加空间厚重感，地面选用木地板，色彩厚重并富于变化，空间效果自然轻松，艺术气息浓厚。

材料：吊顶采用壁纸、乳胶漆亚克力，照明采用 LED 灯带、射灯、花灯，地面采用石材、木地板，墙面采用木饰面、玻璃、特殊饰面、不锈钢等。

顶棚施工工艺

按设计图纸要求，对顶棚造型进行放线定位，采用 18mm 厚细木工板及背增加加强板，

酒吧

特色餐厅一隅

刷防火、防腐、防潮涂料三遍，预制造型顶棚基层骨架，安装吊件，对预制的造型骨架进行吊装、校平、校正，再与平顶顶棚龙骨进行连接安装。顶棚灯槽内侧板下口与副龙骨做平，内侧板背面再用挂件固定，以增加灯槽的受力支撑。灯槽外口与内口副龙骨内嵌木龙骨连接，木龙骨进行防火处理。整体顶棚骨架及隐蔽工程检查验收合格后，安装最外层板。

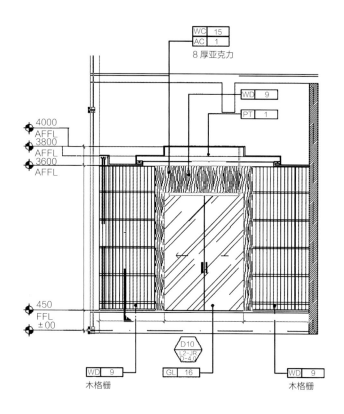

餐厅立面图

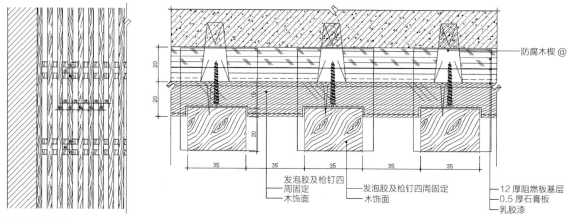

造型墙节点图

镜面玻璃、木格栅施工工艺

造型墙面依据深化设计规定的规格及造型制作成单元式成品，在现场进行拼装，在安装木饰面格栅前需将底层骨架与原建筑墙面固定在一起，再将细木工板固定于骨架上，在板面上点涂结构胶，把镜面贴于木工板上，待镜面玻璃安装稳固后，再在玻璃提前预留的固定木质格栅孔洞的预埋连接点涂上结构胶，然后进行木质格栅的安装。格栅与玻璃之间有 3mm 间距，采用美容胶填充收口处理。以上安装过程轻拿轻放，确保镜面玻璃不被碰撞。

铁板烧包房

设计：空间布局方正规整，顶棚造型落落大方，丰富了空间层次感。采用现代的设计手法，空间材料用特殊饰面及木饰面搭配，地面选用木地板。

材料：地面采用瓷砖、木地板、不锈钢等，吊顶采用壁纸、乳胶漆、亚克力，照明采用 LED 灯带、射灯、花灯，墙面采用木饰面、壁纸等。

铁板烧包房

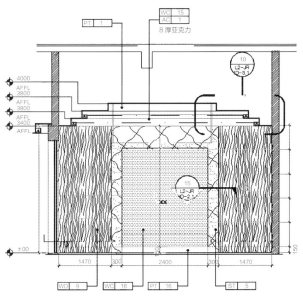

包房立面图

横切面木纹地板制作工艺

特色餐厅的地面选用横切面木纹地板。常规的地板均为沿木材的纵向进行剖切加工，做成的产品木纹纹理是山纹或者直纹，而本工程选择的地板纹路是环状拼接的，也就是沿着木材的横向进行剖切，成品纹路是木材的生长年轮状。但是横向切割的木材，干燥后会开裂，后来经过多次试验对比，终于发现，将木材切割得足够薄，再进行化学药水浸泡，干燥后的木皮就不会开裂了。

三层 SPA 区

设计：SPA 区采用自然的设计手法，用天然大理石及山间竹竿来点缀山间乡村自然的环境。设计风格现代、内敛，配饰与色彩运用暖色调，凸显温馨、舒适的氛围。

材料：地面采用木地板、石材、瓷砖等，吊顶采用乳胶漆、木饰面、布艺等，墙面采用木饰面、壁纸、玻璃、瓷砖、石材、马赛克等。

马赛克墙面拼花施工工艺

墙面拼花马赛克共使用 5 种石材拼接而成，每片石材尺寸与花型均不统一，且石材厚度不能大于 8mm，如果太厚则会造成内弧与外弧的缝隙差距太大，影响整体观感。而石材要想加工成 8mm 超薄厚度，则容易折断、碎裂，在技术上存在难度。每片石材最长不能超过 200mm。

为达到设计要求，对每个墙面进行放样，然后合并同类项，将复杂的花样进行简化，归纳成 10 种规格的散件。然后制成模具，用红外切割机将常规厚度的石材进行对剖，以达到 8mm 的厚度，再用水刀按模具进行切割，用了两个月的时间完成了 150 多平方米的使用量，其中材料损耗也控制在了可以接受的范围之内，成本比国外设计师提供的供货商低了将近一半，有效地节约了材料成本。

SPA 区根据设计要求对墙、地面石材进行综合性石材排版，原料在专业石材厂家经过严格挑选，按照石材自身纹理排版加工成型。处理现场墙、地面并做防水作业施工，经隐蔽工程验收合格后，进行防水保护层施工（向地漏放坡 3‰～5‰），石材按照排版铺贴，进行成品豪华浴缸安装。

SPA 区 (一)

SPA 区 (二)

SPA 区 (三)

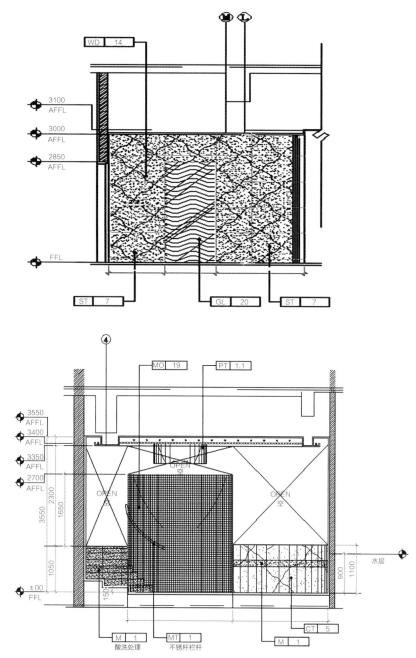

WD	14

3100 AFFL
3000 AFFL
2850 AFFL
FFL

ST	7		GL	20		ST	7

④

MO	19		PT	1.1

3550 AFFL
3400 AFFL
3350 AFFL
2700 AFFL

OPEN 孔
OPEN 孔
OPEN 孔

3550 / 2300 / 1650 / 1050 / 150

± 00 FFL

900 / 1100
445
水层

CT	5

M	1		MT	1		M	1
酸洗处理		不锈杆栏杆			

SPA 区立面图

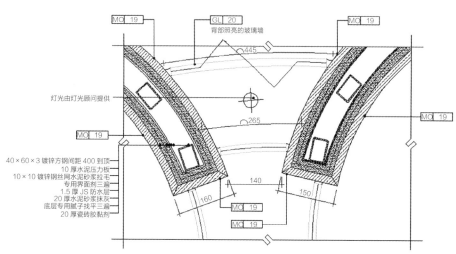

MO	19		GL	20		MO	19
背部照亮的玻璃墙
445
265

灯光由灯光顾问提供

MO	19

MO	19

40×60×3 镀锌方钢间距 400 到顶
10 厚水泥压力板
10×10 镀锌钢丝网水泥砂浆拉毛
专用界面剂三遍
1.5 厚 JS 防水层
20 厚水泥砂浆抹灰
底层专用腻子找平三遍
20 厚瓷砖胶黏剂

140
160   150

MO	19

MO	19

墙面节点图

连廊过道

设计： 连廊的设计宽敞典雅，既有合理完善的通行功能，同时也成为酒店的亮点，同时对服务台、楼梯等重要接待空间进行了重新规划和定位。

材料： 地面采用石材，吊顶采用乳胶漆饰面，墙面采用玻璃、石材、木饰面、木门、不锈钢等。

连廊过道

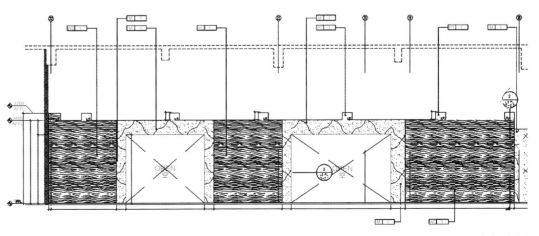

走廊立面图

南京万达嘉年华酒店

工程地点
南京市江宁区东山街道竹山路 59 号

工程规模
40231m²，造价 3883 万元

建设单位
南京江宁万达广场有限公司

开竣工时间
2013 年 3 月 30 日—2013 年 10 月 10 日

酒店外景

设计特点

南京市万达嘉年华酒店坐落于南京市江宁区东山街道竹山路 59 号（上元大街和文山路交汇处）万达广场内。酒店整体为中西合璧的精装修设计风格，施工工艺复杂，施工技术及质量要求高，装饰面材品种多样。酒店由客房、宴会厅、各式餐厅、多功能厅、健康中心等组成，是配套齐全、设施完备的五星级酒店。

走廊

装饰艺术品

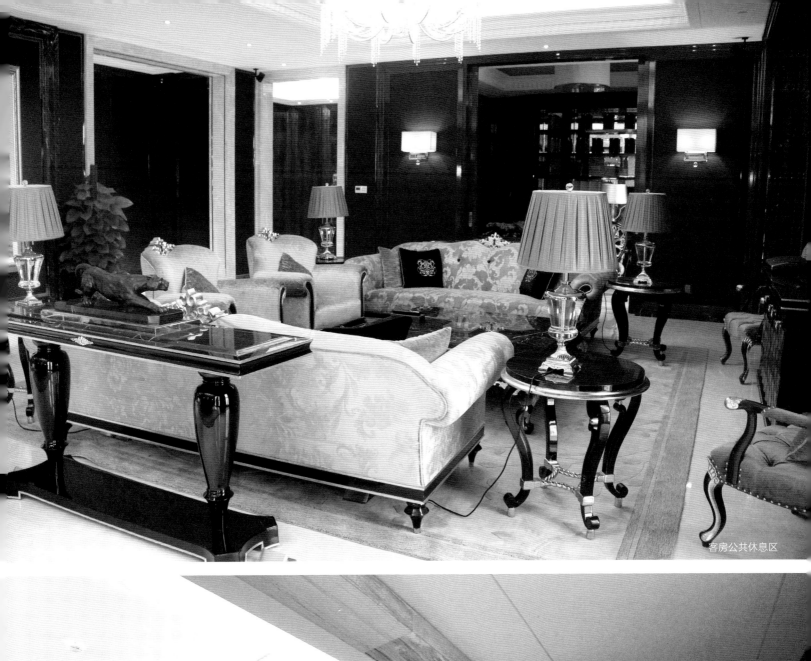

客房公共休息区

电梯厅

空间介绍

客房公共部分

设计：客房公共部分富丽堂皇，高贵中透着温馨，豪华中蕴富稳重，造型统一中富于变化，既有良好的休闲通行功能，又体现了豪华酒店文化的核心。

材料：走廊通道墙面采用木饰面、15mm 玫瑰金不锈钢、乳胶漆、黑色不锈钢、石材线条、钢化玻璃、20mm 黑钢框、蚀刻玻璃、皮革硬包、玫瑰金不锈钢屏风、墙纸等；地面采用羊毛地毯；顶部为双层石膏板带铝合金凹槽造型吊顶，设 LED 筒灯及灯带等。

客房走廊施工工艺

客房走廊涵盖的功能比较多，客房所有的强弱电管井、空调管井等都设在走廊上，还有每层的客梯电梯、消防电梯等，所以走廊面积虽小，但功能齐全丰富。走廊还代表酒店客房部分的形象，故整个设计给入住客房的客人留下的第一印象非常重要。走廊立面木饰、墙纸的装饰，加上局部的玫瑰金不锈钢材料、蚀刻玻璃、黑色不锈钢、石材门套线、玫瑰金不锈钢屏风、皮革硬包、钢化玻璃等装饰材料的点缀，显得酒店客房层环境的温馨典雅。

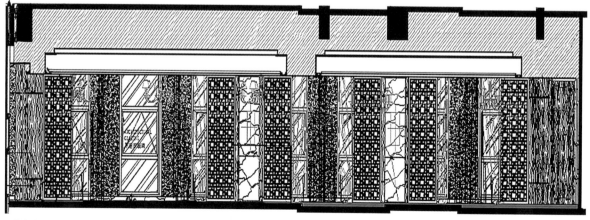

公共部位立面图

木饰面墙板采用挂条式安装方式，在专业木制品加工厂加工成半成品及成品，现场定位放线制作钢骨架基层。基层骨架与原结构墙面连接无松动，接缝严密结合，必须确保基层钢骨架稳定性及承载性。再将阻燃夹板固定于钢骨架上作为木饰面基层，外购成品木饰面挂条式安装，完成后保证接缝严密，平整度及垂直度在可允许范围内，表面纹理、色系一致，漆面厚度均匀，无流淌痕迹。为了使现场固定安装木饰面的色彩和纹理统一，所有管井门在具有消防资质的消防门厂按消防要求加工好后，再发到木饰面厂进行木饰面的外表包装，然后发到现场进行安装；木饰面制作及安装过程中严格按照设计要求执行。

按照设计要求，对石材线条排版、分块、放线，并在专业石材工厂加工成型。墙面石材在专业的石材厂排版加工，首先选定足量石材料，按照设计加工图进行排版切割，确保石材色系、纹理一致，纵向的石材线条通长加工，确保美观协调，所有石材线条经现场验收合格进行六面防护处理，按照石材线条排版图进行编号、包装、装箱。石材线条基层骨架采用 5cm×5cm×5mm 镀锌角钢焊接骨架，骨架与原结构梁、板连接牢固，骨架的平整度与垂直度符合验收要求，并作好防锈、防尘处理。采用不锈钢干挂件进行石材线条安装，并在每一干挂件处采用 AB 结构胶进行黏接，增强每一干挂点的连接牢固性。待墙面石材线条安装完成，需调制与石材同色的云石胶进行接缝处理，采用美容胶填充收口处理。

标准客房

设计： 客房的设计以皮革硬包、墙纸、木饰面、手工泰丝刺绣等为主，以营造客房温馨的氛围，使客人入住后能感觉到舒服，并能快速解除工作的疲劳，获得良好的精神状态。特别是采用手工泰丝刺绣装饰的床屏，给客房增添了温馨浪漫的艺术氛围，使客人在入住休息后可以心旷神怡、神清气爽。

材料： 墙面采用皮革硬包、墙纸、木饰面、手工泰丝刺绣、不锈钢线条、成品装饰镜等，地面使用高级地毯，顶面采用双层石膏板吊顶、水晶吊灯、LED 筒灯及灯带等。客房墙地面全部采用并安装石材。

客房墙面施工工艺

对客房墙立面所有完成面按设计要求及所用装饰材料进行放线，用油漆红线标示清晰，将墙面所用装饰材料用红字喷示清楚。在地面上将找平层完成面线弹好，并弹出 1m 水平线、房中线、床中线、门中线等现场基准线；根据这些线，现场按不同

标准客房

客房客厅

的饰面材料，施工处理不同的基层。

本工程的亮点为客房饰面工程施工，尤其是木饰面项目。与合作单位在加工厂按照客房 1 : 1 的尺寸放样制作模块，以人性化的理念模拟和感受功能和效果，以实现设计所要表达的理念。所使用的材料全部采用无甲醛、无苯的符合环保要求的产品，即使在工厂车间也均无气味。所使用的设备均是最新型的由红外线控制的设备，既降低了损耗，又达到了质量标准，同时减少了人力成本。

吊顶与墙面边角普遍采用 20mm 铝合金凹槽处理，使顶面与墙面分隔完美的同时也解决了轻钢龙骨石膏板吊顶边角开裂的通病，达到了很好的效果。

墙面施工按设计要求，最具亮点和难点的是手工泰丝刺绣床屏软包的施工，工艺操作时客房床头背景墙采用高档泰丝面料和纯手工泰丝刺绣，每幅画面的图案纹理必须确保顺畅、无漏针、无跳线，背面采取背胶处理并在安装过程中在面料上自上到下采用空针处理，既保证了面料的质感，也避免了面料遇暖气温高鼓泡的现象。

天士力药品新型制剂研发、小试、中试基地裙房

工程地点

天津市北辰区淮河道与淮河东路交叉口

工程规模

40231m²，造价 2688 万元

建设单位

天津金士力新能源有限公司

开竣工时间

2014 年 2 月 13 日—2016 年 1 月 30 日

一层大堂

设计简介

项目位于天津市北辰区淮河道与淮河东路交叉口，地理位置优越，环境清幽，地上10层，裙楼3层，裙楼面积12500m²，工程总面积43950m²，由高级接待室、高级会议室、大堂、实验室、多功能厅等组成，是配套齐全、设施完备的研究所。

外景

首层大堂

设计： 大堂设计高贵典雅，服务台大方得体、庄严稳重，顶棚、地面装饰一致，落落大方，品位高雅，空间效果自然轻松，充分展示接待大厅的内涵和魅力。

材料： 墙面采用白玫瑰石材、8mm 红色钢化玻璃、拉丝不锈钢、白色穿孔铝板、A 级透光膜、砂光不锈钢踢脚等，地面采用金山麻石材、皇室啡石材，顶部采用白色铝板吊顶、穿孔铝板、LED 射灯及灯带等。

首层大堂

走廊

一层休息区

一层贵宾室

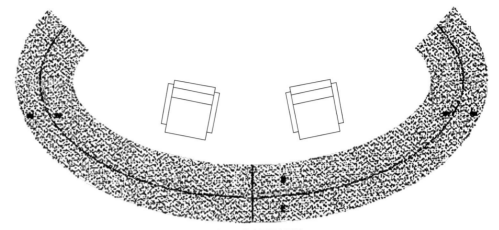

门厅服务台平面布置图

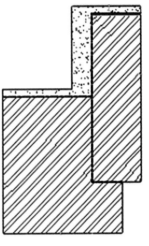

门厅服务台立面图

服务台详图

服务台施工工艺

按照设计图纸，给服务台定位放线，采用钢骨架双面封 18mm 细木工板对服务台定好的墙体进行制作，钢骨架与原结构楼板连接牢固，以确保墙体稳定。按设计图纸由专业厂家电脑数控等离子将 5mm 厚钢板切割为成型的弧形板，制作外围灯箱钢骨架，以浅灰色氟碳喷涂饰面，将灯箱骨架与服务台墙体钢骨架连接牢固。

服务台内侧柜由专业木作厂家按照设计图纸结合现场数据尺寸加工成品柜子，经验收合格，出厂现场安装。由专业人造石厂家加工弧形台面板成品，验收合格后出厂现场安装。台面石材接缝平整、严密，符合验收要求。成品安装活动式磨砂面白色亚克力热弯灯光片。

科研展厅

科研展厅

设计：设计为现代风格。顶棚造型十分简单、朴素，极具现代感。展厅的色彩和灯光都比较柔和，让人的目光自然而然地投向展厅的主角，给人一种安静、简单、舒适的感觉，营造出一种安静舒心的氛围。

材料：墙面采用白色乳胶漆饰面、灰色铝板、白色铝板、砂光不锈钢踢脚等，地面为浅灰色 PVC 卷材地面，顶部采用石膏板吊顶、穿孔铝板、LED 射灯及灯带等。

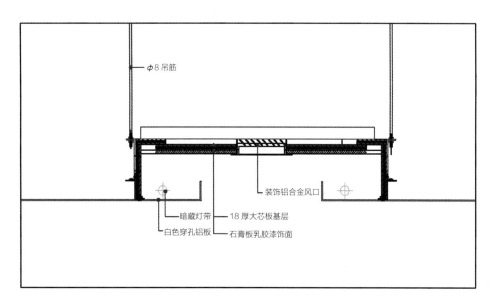

φ8 吊筋

装饰铝合金风口

暗藏灯带　18 厚大芯板基层

白色穿孔铝板　石膏板乳胶漆饰面

裙房一层展厅顶棚大样图

穿孔铝板施工工艺

按照设计图纸要求，由专业铝制品厂家对顶棚布置中的穿孔铝板进行整体排版，形成加工生产单，按设计确认的材料样板进行选材制作，由专业的电脑数控设备进行裁板、折边、冲孔、焊接等，经分区域分步试拼验收合格，按设计图纸编号进行背面编号，进入全自动油漆车间进行油漆作业，生产完成再次验收合格后，包装、装箱运至工地。

现场按照设计图纸进行整体放线、定位，采用18mm大芯板预制灯带侧板骨架，刷防火、防腐、防潮涂料，安装吊件对预制的造型灯带骨架进行吊装、定位、放平，与其他相邻造型灯带骨架连接牢固，整体顶棚骨架验收及隐蔽验收合格，封顶棚，再进行整体穿孔铝板顶棚安装，接缝严密、平整，符合验收要求。

会客厅

设计： 会客厅在设计上满足不同客人的需要，风格现代，配饰与色彩均运用暖色调。墙面采用多彩山水画、书法来点缀环境。客厅中央采用A级透光膜，内嵌LED灯带，体现大气、端庄、奢华、优雅。宽敞的大厅，浑然一体的装饰，给人带来意想不到的放松体验。

会客厅

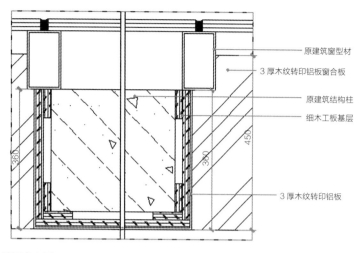

原建筑窗型材

3厚木纹转印铝板窗合板

原建筑结构柱

细木工板基层

3厚木纹转印铝板

墙面节点图

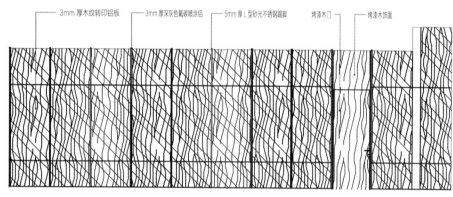

3mm 厚木纹转印铝板　　3mm 厚深灰色氟碳喷涂铝　　5mm 厚L型砂光不锈钢踢脚　　烤漆木门　　烤漆木饰面

接待室立面图

材料： 墙面采用木纹转印铝板、烤漆木饰面、壁布、砂光不锈钢踢脚，地面为咖啡色满铺毯、环氧树脂地坪，顶棚采用石膏板吊顶、木纹转印铝板、A 级透光膜、LED 灯管等。

木纹转印铝板安装工艺

按照设计图纸要求放墙体的定位线，并对铝板进行排版分块，墙面制作基层钢骨架，基层钢骨架与原结构连接牢固、无松动，骨架平整度与垂直度符合验收要求。木纹转印铝板在专业的铝质工厂按设计规定的材料规格、样品及技术要求加工为成品。工厂分区域试拼验收合格，进入油漆作业，再次验收合格后包装、装箱运至工地，现场安装。木纹转印铝板与钢骨架连接牢固，安装完成后安装成品收口条，整体水平度、平整度、垂直度符合验收要求。

会议室

设计： 会议室的设计以音频设备为主体，在系统功能上采用高档次、高科技的智能化多

会议室

媒体电子设备，灯光照明设计采用 A 级透光膜内嵌 LED 灯带及嵌入式 LED 射灯，提供了真正自然的色彩。深红色会议桌提升了会议室的庄重感，简约大方的风格给人一种耳目一新的感觉。

材料：墙面为深灰色铝板、超白玻璃饰面、U 型砂光不锈钢踢脚、GRG、乳胶漆，地面为块毯，顶棚设石膏板吊顶、A 级透光膜、LDE 射灯及灯带，安装磨砂玻璃门等。

烤漆玻璃安装施工工艺

按照设计图纸要求给墙体定位放线，进行基层龙骨骨架制作。考虑整幅玻璃墙体的稳定性，基层骨架以轻钢卡式龙骨为主龙骨，按设计规范要求与墙体连接牢固、平直，再布置轻钢龙骨与主龙骨连接。

整体龙骨架验收及隐蔽检查合格后，封 10mm 硅酸钙板，板边自攻螺钉间距为 150mm，板中自攻螺钉间距为 200mm，板与板之间留缝为 5mm，由于外界存在各种影响，需制定措施以确保墙体不变形。成品不锈钢踢脚线安装完成，采用专用胶进行 8mm 烤漆玻璃安装，留缝均匀，平整度、垂直度符合验收要求，玻璃周边留缝用同色的美容胶填充收口。以上安装过程轻拿轻放，确保玻璃不被碰坏。

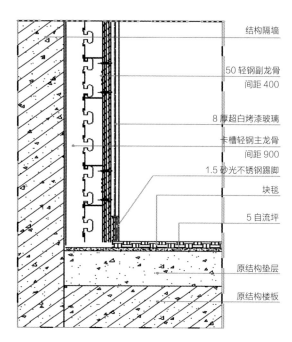

结构隔墙

50 轻钢副龙骨
间距 400

8 厚超白烤漆玻璃

卡槽轻钢主龙骨
间距 900

1.5 砂光不锈钢踢脚

块毯

5 自流坪

原结构垫层

原结构楼板

烤漆玻璃及地毯详图

学术报告厅

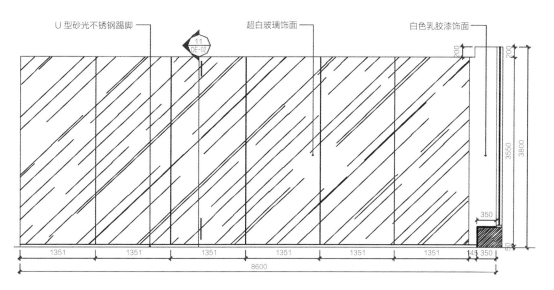

U 型砂光不锈钢踢脚　　　　　超白玻璃饰面　　　　　白色乳胶漆饰面

三层 329 室立面图

文安鲁能生态区度假酒店

工程地点

河北省廊坊市文安县界围村文安鲁能生态区

工程规模

14200m²，造价 2399 万元

建设单位

文安鲁能生态旅游开发有限公司

开竣工时间

2016 年 6 月 28 日—2016 年 12 月 20 日

社会评价及使用效果

包括文化小镇、温泉中心、生态农场、休闲运动、健康养老等功能业态，是一座可以休闲、养生、微度假的综合园区

外景

设计概况

项目距离北京 100 km，地处京台高速延伸线廊沧高速大柳河出口西 4.5km，占地约 626hm²（9389 亩），以创新性别墅类生态庄园为主，配套酒店、酒堡、文化小镇、温泉中心、生态农场、休闲运动、健康养老等功能业态。我公司承建本项目的酒店公共区域室内装饰装修工程，包括宴会区、会议区、餐饮区及红酒雪茄吧等。

空间介绍

宴会厅

设计：宴会厅空间开阔、布局合理，风格自然原生态。功能上既能满足大型宴会需求，也可以举办演出或大型汇报，还可以利用活动隔断分成 3 间使用。

材料：墙面采用橡木饰面、编织物，地面为地毯，顶部采用仿木纹铝板造型、滑轨灯、LED 射灯及灯带等。

墙面编织物安装施工工艺

工艺流程：放线定位 → 焊接钢骨架 → 基层板安装 → 编织物安装

根据设计图纸尺寸测量放线，测出基层面的标高，编织物中心轴线及上、下部位。依据墙面造型焊接墙面钢架，用膨胀螺栓把角码固定在梁柱及结构板上，镀锌钢方通与角码焊接牢固，所有焊口位置涂刷防锈漆。

宴会厅

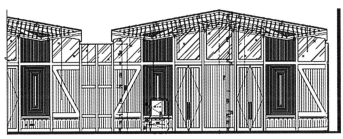

宴会厅立面图

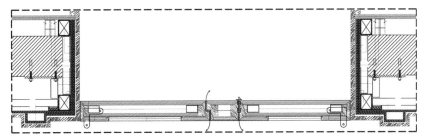

墙面节点图

将 50mm×20mm U 型轻钢龙骨固定在钢架上，采用垫板调节平整，龙骨间距不大于 400mm，将 9mm 阻燃多层板固定在龙骨上。成品编织物按编号顺序安装，胶粘并在隐蔽位置用自攻螺钉固定。为优化装饰效果，在基层板上粘贴颜色相近的普通壁纸，使墙面视觉效果更佳。

编织物由专业工厂加工为成品到场安装，用纯植物纤维手工编织，是剑麻纤维经过染色工艺后，再与 3 种不同粗细的黄麻绳混编而成，要达到设计要求只能采用人工编织，工艺十分复杂。

精美装饰墙

洗手间

走廊

特色餐厅包间

中餐厅艺术品

中餐厅隔墙

中餐厅

前厅（一）

宴会前厅

设计：墙面大面积采用文化石饰面，地面为酸洗面德国米黄石材，顶棚为仿橡木铝板装饰，以营造一种田园风格的舒适空间。

材料：墙面采用橡木饰面、文化石、编织物，地面采用德国米黄石材（深中浅三色），顶部采用仿木纹铝板造型灯、LED 射灯等。

文化石安装工艺

放线定位 → 焊接钢骨架 → 石材干挂 → 文化石安装

根据设计要求定位放线，采用 ϕ12 膨胀螺栓固定 50mm×50mm×5mm 镀锌角码于地面／圈梁／顶板，竖向焊接 80mm×40mm×4mm 镀锌方通，竖向龙骨根据石材尺寸不大于 900mm，横向焊接 50mm×5mm 角钢，间距根据石材排版尺寸确定。

所有钢构件均采用热镀锌钢材，焊缝等处刷防锈漆，采用不锈钢干挂件，用 ϕ8 螺栓固定于横龙骨上，采用短槽式干挂法安装石材，刷防护，固定槽内涂专用胶。文化石采用结构胶粘贴在石材上。

前厅（二）

宴会门厅

设计：室内整体庄重、美观，墙面为橡木饰面，选用德国米黄石材，立体又提升空间视觉效果。

材料：墙面采用橡木饰面、艺术涂料、德国米黄石材，顶部采用仿木纹铝板、涂料、LED射灯等。

艺术漆施工工艺

基层处理→刮腻子→修补打磨→施涂第一遍底专用底涂→批刮第一遍艺术漆并打磨→批刮第二遍艺术漆并打磨→罩面收光

首先将墙面等基层上起皮、松动及鼓包之处清除凿平，将残留在基层表面上的灰尘、污垢、溅沫和砂浆流痕等杂物清除扫净。用水石膏将墙面等基层上磕碰的坑凹、缝隙等处分遍找平，干燥后用1号砂纸将凸出处磨平，并将浮尘等扫净。

刮腻子三遍，第一遍横向满刮，干燥后磨平磨光，再将墙面清扫干净。第二遍竖向满刮，干燥后用砂纸磨平并清扫干净。第三遍找补腻子，用钢片刮板满刮腻子，将墙面等基层刮平刮光，干燥后用细砂纸磨平磨光，注意不要漏磨或将腻子磨穿。

先将墙面清扫干净，涂料施涂均匀，干燥后复补腻子，待复补腻子干燥后用砂纸磨光，并清扫干净。批刮第二遍艺术漆，注意平整度，为下道工序做好准备，表面面料须平整。批刮第三遍时，每个工作面均应从边缘开始向另一侧批刮，并应一次完成，以免出现接痕。

刷最后一遍涂料前，也可用细砂纸将上道涂层轻轻磨光以提升装饰效果。易被交叉作业污染的部位应后施工。面层收光，根据要求精细砂磨抛光。

宴会门厅

会议室

设计：墙面为暖色系壁纸，地面为带有花纹的地毯，营造出舒适的空间，灯光及音
效设计满足会议需求。

材料：墙面采用橡木饰面、壁纸，地面铺地毯，顶部采用仿木纹铝板、涂料、LED
射灯等。

会议室

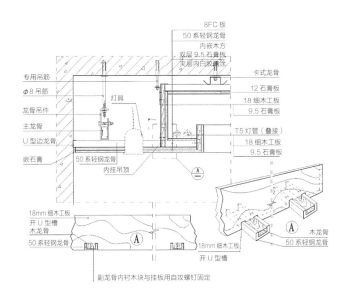

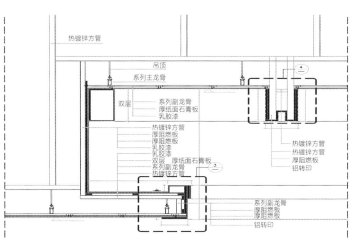

吊顶灯槽示意图

会客厅

柬埔寨金边 Naga2 娱乐综合体酒店

工程地点

柬埔寨金边国民大会路（National Assembly Road）

施工范围

主要分为主楼（TSCLK）、国民选举大楼（NEC）和步行街（NCW）3 个子项目，其中主楼又包括酒店、赌场和歌剧院 3 个区域

建设单位

金界娱乐集团

设计单位

Steelman Partners LLP

施工单位

神州长城国际工程有限公司

开竣工时间

2016 年 9 月 1 日—2017 年 10 月 3 日

酒店远景

酒店夜景

设计特点

柬埔寨旅游项目发展商 Tan Sri Chen Inc.（TSC Inc.）在柬埔寨金边国民大会路（National Assembly Road）开展 TSCLK 综合设施主楼、柬埔寨选举委员会大楼、金界城步行街（位于国民大会路）工程项目。

Naga2 娱乐综合体酒店为中西合璧的精装设计风格，施工工艺复杂，施工质量要求高，装饰面材品种多样。酒店建筑总面积达 12 万平方米，主要分为主楼（TSCLK）、国民选举大楼（NEC）和步行街（NCW）3 个子项目，其中主楼又包括酒店、赌场和歌剧院 3 个区域，涵盖了 860 间五星级酒店客房、65 套世界级 SPA 套房、36 间 VIP 赌场套房、游戏区、高端博彩区、国际美食区、KTV、可容纳近 2000 人的剧院等多种功能区，是配套齐全、设施完备的国际五星级酒店。

空间介绍

走廊

设计：走廊的功能是引导客流，设计师把这种功能需求融入设计的造型中、颜色的运用中。整个走廊呈对称设计，线条使用以直线为主，非常规则、规整，仅在顶面装饰画中融入细微的变化，统一与变化共存，庄重与活泼同在。颜色运用金色和白色，简洁明快。顶面的金色吊灯骨架与水晶协调统一，高贵而不显奢华。

走廊（一）

走廊（二）

艺术品

大堂

设计： 大堂集接待、休憩、导流、交流诸多功能于一体，使客人在进入 Naga 后产生第一印象。颜色使用上以金色为核，以红、深红、酒红等为晕，让大堂透着雍容华贵。在造型设计上，顶棚和地面呼应，大量使用圆形，让大厅具有流动感，不仅从心理层面引导客流，而且让大堂平添了流动的灵性、妩媚的气质。墙面从色调到造型以协调顶棚、地面为原则，树皮选用鎏金的深红色，庄重典雅；俊直的不锈钢造型线条使 VIP 大堂平添几分阳刚之气；墙面大量使用的工艺镜子，除本身有装饰效果外，也与墙面浑然一体。顶棚和地面交融间，客人有一种徜徉在流动的金色世界中的感觉。

材料： 墙面采用树皮鎏金壁纸、工艺镜子、钛金不锈钢；地面采用迪拜金、珊瑚红、法国金花三色拼花，以香妃米黄石材为主；顶面以钛金不锈钢基底配红、黄、白三色水晶灯。

大堂

艺术玻璃隔断工艺： 均采用超白艺术金铂夹胶安全玻璃，玻璃上镶贴 3D 水晶片，艺术金铂夹胶玻璃镶贴 3D 水晶片在灯光的照射下发出炫目的光彩，鲜明地衬托了石材及墙面的金色不锈钢、立体壁纸等。

不锈钢饰面成品安装，在国内专业的不锈钢制品加工厂加工成半成品及成品。先现场定位放线制作基层，基层钢骨架与原结构墙顶面连接无松动，接缝严密结合，必须确保基层钢骨架的稳定性及承载性，再将阻燃夹板固定于钢骨架上作为不锈钢饰面基层，完成后保证接缝严密，平整度及垂直在允许范围内，表面镀金颜色

吊灯

休息区

一致。质量验收依据《建筑装饰装修工程质量验收规范》GB50210-2001 中相关条例执行。

按照设计要求，对造型不锈钢、独立石材柱及艺术玻璃隔断排版、分块、放线，并在专业工厂加工成型。墙地面石材在专业的石材厂排版加工，首先对整版墙地面石材用量进行核算，选定足量的大板材料，按照设计加工图进行排版切割，确保石材色系、纹理一致，经现场验收合格进行六面防护处理，按照石材排版图进行编号、包装、装箱。

吊灯工艺：按照设计图纸要求，确定整个顶棚综合图中的筒灯、吊灯、喷淋、风口、检修口等的位置，确保避开主、副龙骨布置，主龙骨吊杆间距不大于 1000mm，主龙骨端着吊杆距端头不大于 250mm，主龙骨与墙面距离不大于 300mm；副龙骨布置按照 300mm×1200mm 间距布置，副龙骨接缝错开；顶棚中灯槽、跌级板及穹顶造型采用 18mm 细木工板及多层夹板背加加强板，防火、防腐、防潮涂料均涂刷三遍，再封一层纸面石膏板，顶棚封板第一层自攻螺钉间距为 300mm，在阴阳角处加设多层刀把板；刀把板外铺白铁皮，再进行第二层封板，板边自攻螺钉间距为 150mm，板中自攻螺钉间距为 200mm（螺钉埋入板面 0.5~1mm）；第二层板边满刷白乳胶，板中 300mm 打点刷白乳胶，板与板之间留缝为 0.5mm。

影壁墙

艺术装饰 1

艺术装饰 2

艺术装饰 3

剧院全景

剧院

设计： 剧场可同时容纳 2577 人欣赏歌剧、音乐、舞蹈、杂技等多类艺术形式的表演。在颜色运用上，墙顶面以米色为主，局部点缀深木色、钛金金色，地面和座椅采用红色，局部点缀金黄色，温馨、自然、典雅；在声学处理上，墙顶的材质运用均考虑了剧场的特殊使用功能，同时大量运用弧形造型，最大限度地保证声效；叠层看台的护栏设计了柬埔寨风格壁龛，使整个剧场的艺术氛围、民族特色骤然升华，是整个剧场装饰设计的点睛之笔。

材料： 使用缎面亚光布艺软包、花梨实木饰面、线条及雕刻、GRG 异形定制线条及图案、肌理涂料、金铂等；地面为石材水刀拼花、高级地毯；顶面为特殊 80mm 厚特殊加工吸声板材料、水晶吊灯、智能控制 LED 射灯及灯带等。

工艺： 按照设计要求对墙面的软包进行了排版分块。墙面制作基层轻钢龙骨架，软包基层采用吸声材料，由于软包分格板块比较大，均在专业工厂加工拼装成形，按排版相应的编号现场进行墙面拼装，然后再进行木饰面、不锈钢收口安装，在光源方面采用新型低温 LED 射灯及灯带，检修时可将周边的小块软包拆开，这样既利于检修又能完善灯光的效果。

剧院大屏幕

剧院顶棚

自助餐区

设计： 自助餐厅可同时容纳 400 人就餐，是 Naga 最大的餐区。餐区采用明档设计，餐厅和操作区用半高展示台分割，功能明确，动线流畅，融入与分隔和谐统一，在品味美食的同时还可欣赏厨师的花样厨艺表演。颜色运用大量使用白色，同时局部装点深色木饰面，风格简洁并富于变化。

材料： 墙面为石材拼花马赛克、艺术玻璃、不锈钢、银镜、实木花格等，地面采用埃及米黄大理石、白色仿大理石砖、水波浪纹地毯，顶棚采用双层石膏板吊顶、镜面不锈钢树脂板叶子灯、LED 灯带。

工艺： 造型墙面按照深化设计规定及图形制作单元式成品，在现场进行拼装，在安装木饰面格栅前需将底层骨架与原建筑墙面固定在一起，再将木工板固定在骨架上，在板面上点涂结构胶，然后安装木质格栅。

自助餐区 1

自助餐区 2

中餐厅

设计： 餐厅包间设计在满足不同客人需求的同时也便于酒店管理。顶棚造型大方，配有造型艺术的吊顶丰富了空间的层次感。墙面特色布艺硬包装饰与地面手工地毯相呼应，以简洁的手法演绎与现代的完美结合。

材料： 墙面采用布艺硬包、不锈钢、埃及米黄大理石材、布艺硬包折叠活动屏蔽，地面采用高级地毯、埃及米黄大理石材，顶棚采用双层石膏板吊顶、艺术吊灯、LED 射灯及灯带等。

中餐区

客房

门装饰

洗手间

图书在版编目（CIP）数据

中华人民共和国成立70周年建筑装饰行业献礼.神州长城装饰精品/中国建筑装饰协会组织编写；神州长城国际工程有限公司编著.—北京：中国建筑工业出版社，2019.11

ISBN 978-7-112-24412-6

Ⅰ．①中…　Ⅱ．①中…　②神…　Ⅲ．①建筑装饰－建筑设计－北京－图集　Ⅳ．①TU238-64

中国版本图书馆CIP数据核字（2019）第245864号

责任编辑：王延兵　郑淮兵　王晓迪
书籍设计：付金红　李永晶
责任校对：王　烨

中华人民共和国成立70周年建筑装饰行业献礼
神州长城装饰精品
中国建筑装饰协会　组织编写
神州长城国际工程有限公司　编著
＊
中国建筑工业出版社出版、发行（北京海淀三里河路9号）
各地新华书店、建筑书店经销
北京方舟正佳图文设计有限公司制版
北京雅昌艺术印刷有限公司印刷
＊
开本：965毫米×1270毫米　1/16　印张：9¾　字数：182千字
2020年10月第一版　2020年10月第一次印刷
定价：200.00元
ISBN　978-7-112-24412-6
　　　（34026）